汉竹主编●健康爱家系列

U0250690

孙卫东 / 编著

# 一养多肉
## 就上手

汉竹图书微博
http://weibo.com/hanzhutushu

读者热线
400-010-8811

江苏凤凰科学技术出版社
全国百佳图书出版单位

# 前言
## preface

"多肉在什么季节入户容易养活呢？"

"我的肉肉徒长了，该怎么办呢？"

"叶插时需要将叶片插进泥土中吗？"

......

大家对如何养好多肉总是有太多疑惑，然而很多网站、书籍对此众说纷纭，反而让人手足无措……幸运的是，作者孙卫东(业内称华叔)将他30多年的养护经验倾囊相授，完全用事实说话。

养多肉，其实很简单！多肉强大的生存本能也不会让你轻易失败。入户把好关，换换土、修修根；注意浇水、光照，春秋防徒长，盛夏要通风遮光，冬季防冻，春秋顺便还可以繁殖些"小肉"……。读懂多肉，了解其生长环境，不再为常见的问题纠结。就算一不小心，多肉生虫了，出现腐烂了，及时喷药杀虫，及时切割晾干重新上盆，又是一株"好多肉"！

# 这些肉肉长得太像了！

鲁氏石莲 见 66 页

露娜莲 见 67 页

丽娜莲 见 67 页

蓝石莲 见 80 页

蓝鸟 见 81 页

蓝苹果 见 81 页

姬胧月 见 92 页

胧月 见 93 页

姬胧月锦 见 93 页

达摩福娘 见 120 页

乒乓福娘 见 121 页

福娘 见 121 页

青星美人 见 128 页

月美人 见 129 页

冬美人 见 129 页

虹之玉 见 140 页

虹之玉锦 见 140 页

绿龟之卵 见 141 页

子持莲华 见 136 页

子持白莲 见 137 页

山地玫瑰 见 137 页

婴儿手指 见 148 页

红手指 见 149 页

千佛手 见 149 页

## 这些肉肉长得太像了！

条纹十二卷 见 156 页

鹰爪 见 157 页

天使之泪 见 157 页

玉露 见 158 页

姬玉露 见 159 页

草玉露 见 159 页

卧牛龙 见 162 页

日本大卧牛 见 163 页

卧牛锦 见 163 页

不夜城 见 164 页

瑞鹤 见 165 页

不夜城锦 见 163 页

生石花 见 172 页

福寿玉 见 173 页

露美玉 见 173 页

红大内玉 见 174 页

小红衣 见 173 页

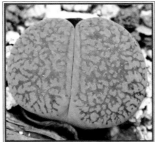

原始卡罗拉 见 173 页

绿之铃 见 176 页

大弦月城 见 177 页

锦上珠 见 177 页

新天地 见 182 页

星兜 见 183 页

鸾凤玉 见 183 页

# 目录 contents

## PART 1

## 第一次养多肉，绝对能上手

# PART 2

## 100 种适合新手养的多肉

# PART 3
# 向高手进阶吧！

# 第一次养多肉，绝对能上手

PART

第一次养多肉的我们，往往无所适从，有好多问题不知道该怎么办。从买肉、缓苗、杀菌、配土，到浇水、除虫，面对不懂不会的问题，我们往往需要翻阅大量养肉书籍去查阅。在这个过程中不少人发现，好多晦涩难懂的专业术语实在是太令人头疼啦！今天我们就在华叔带领下，用平易近人的话语交流我们的种肉秘籍，从无到有，从开始到最后，手把手地教你怎样把多肉领回家，并且让它健康成长，越来越漂亮。

满足感，治愈系，高颜值，让我们一起以正确的姿势进入靠脸吃饭的多肉世界。

# 买肉肉的最佳时间：春、秋

每年一到春天，就是大家败肉的好时机，而新手们往往不知道，买肉的时间也是有讲究的。那究竟什么时间买肉成活率能高一点？一年四季都可以买肉回家吗？

## 春、秋买肉，好时节

多肉大体上分为两种类型，夏型和冬型。我们购买时，首先要弄清领回家的多肉的习性，确定它的生长期。一般来说，购买多肉最好在春、秋两季，因为春、秋季节是多肉的生长期，这时的多肉生命力旺盛，即便是无根的多肉，插进土里也很容易生根成活，大大降低了新手养肉一进门就死掉的概率。

## 夏、冬买肉，要带土

夏、冬两季，温度不是过高就是过低，多肉大多生长缓慢，有的甚至停止生长并进入休眠期。如果此时购买，不仅不易生根，也不好养护，成活率会大打折扣，实在不是买肉的好时机。当然了，夏、冬季节不是不可以购买多肉，只不过要尽量购买有根的多肉。尤其要注意的是，网购的肉友一定要跟卖家确定，发货要有根哦。

## 买肉"姿势"很重要

多肉好不好，从苗就知道。优质多肉，植株色彩鲜明，纹路清楚，干净整洁，株形紧凑。选购时尤其要注意是否有隐藏的害虫，他们一般藏在枝叶背面，要仔细观察才能发现。因此，建议新手还是去花卉市场亲自挑选，网购风险较大。

## 新手买肉要看根

如何看根：良好、正常、健壮的根条应该是白色或一年以上的古铜色，如发现根条的颜色变成黑色或有像受冻一样的深水化似的颜色则说明根条已经感染病菌并坏掉。

## "贵货"为什么贵？

很多人问：多肉为什么会贵？其实，答案无外乎四点。

一是生长速度慢，繁殖难，很难大范围推广，比如生长缓慢的十二卷属万象、玉扇等。还有就是基因突变的怪异多肉，比如缀化、锦化的，这个很难定向繁殖。

二是成桩耗时长，比如各种景天科的老桩及各种大头球子、十二卷、块茎等多肉，而且品种不同，桩形大小没有可比性，只有四五厘米大小的达摩水泡也有几万

## 网购 or 花卉市场？各有利弊

1. 新人买肉一定不要懒，在网上买肉虽然方便省时省力，买的种类也比较齐全，但是风险相对较大，没有办法直接观察多肉的健康情况，容易买到品相不够好的肉。所以网购时一定要心细多问，擦亮眼睛，多看其买家秀。

2. 去花卉市场买，所见即所得，而且还带着原生土，有利于多肉正常过渡，还能省下一笔土壤费用。当然了，一些必要的养肉工具和土壤、肥、药等，还是去网上货比三家来得方便。

的市场售价。

　　三是不好养护，比较娇贵，新手很难上手，比如景天里的富士凤凰。

　　四是颜值高，以景天科多肉为主。不过，价格受消费者影响很大，不一定繁殖力差。一旦大量繁殖，价格很容易快速跌落。

## 打假：造假的艳丽颜色

　　"多肉控"们热衷有颜色的品种，也滋生了一些颜色造假行为。比如有的肉友买到的景天科"红手指"，刚开始通体鲜红，还带有光泽，可过了段时间后，"红手指"竟然爆皮了！究其原因，竟然是培育多肉苗时使用了化学药品染色。

　　还有的肉友在网上买的带锦品种，一段时间后居然退锦了，好看的颜色也不见了。这也是一些不良商家的造假行为。

## 购买常识要知道

购买有根的多肉容易成活。

组盆选择同科植物就可以了，不必同科同属，同科的养护也基本相同。

### 1. 是否是新栽植株
新栽植株土壤松软，植株搬运要避免摇晃。网上买肉还要注意卖家标注的尺寸规格。

### 2. 购买组合盆栽
在观察外形搭配和颜值的同时，一定要问清楚种类之间生活习性是否相似，比如对阳光和水分的需求、土壤要求等。

# 到家先缓苗：缓苗 1~2 周

我们每当进入一个新环境，就有一段不适应时期，多肉也是一样的，事实上所有的花卉进家门都要经历一个缓苗环境适应期。所以新买来的多肉必须在你家"缓一缓劲"，也就是缓苗，才能顺利在你家住下来。进门先缓苗是多肉养护的常识，你买的多肉能否适应你给予的生长环境就看这段时间的表现了。安全度过缓苗期就意味着多肉已经接受这个新环境了，这样这盆肉肉才真正开始属于你了。根据经验，新苗养护持续 1~2 周，就会逐渐适应新环境，扎实根基，恢复正常生长了。

另外，多肉变红事实上是为了抵抗阳光而产生的保护色，上色越重，生长越慢。想要繁殖多肉的时候，要先把植株养成原态的绿色，才能保证迅速生长，从而保证高成活率。同理我们购买多肉也是这样，要买原态的绿色植株生长才会迅速，才能顺利缓苗过度。

## 华叔经验谈：拿回家后，叶片萎蔫怎么办？

缓苗期结束标志，就是多肉的中心有新叶生长的痕迹，并且不再发黄掉叶。如果缓苗的时候有叶片萎蔫的现象，比如玉蝶，不要惊慌，这只是正常现象，但是要是有水化、黑化的现象要及早处理，看配土湿度，通风情况是否出了问题。

处理的方法就是用镊子夹掉坏叶，保持土壤干湿度合适，通风情况良好，还要注意缓苗期多肉避免暴晒。

## 修根晾根

新买来的带根多肉，因为不知道在上家的养护生长环境如何，入盆前一定要先打理干净根系。

想要保证根系健康，土壤疏松透气非常重要。一般原来的土壤都要扔掉，然后先修根，用手轻轻捋掉干根，用剪刀剪去烂根和腐根，轻轻冲洗，让根系看上去整洁干净。

不要用大水冲洗，以免伤及根部。然后晾根，放置在遮阴、稍通风处晾 2 天，使伤口愈合，才能上盆。如果新买的多肉没有根，也要晾一下根部，保证根部伤口是愈合的，干燥的。

## 潮土干栽

多肉上盆的原则就是四个字：潮土干栽。

所谓潮土，指的是将配好的土加少许水拌潮。如果土壤手抓不成团，能散开，松手放土，稍微有些挂在手上，说明土壤湿度刚好。想要做到这样，要边加水边搅拌培养基，不时地试试土的湿度。

土壤要加入适量的多菌灵溶液杀菌。培养基拌潮之后，选择大小合适的花盆栽肉。

栽的过程中要注意：不要用手指按压，可以掂一掂花盆，切记待土全部干后再浇第一次水。

## 半阴养护

新栽多肉一定不能接触强光的直晒，会把多肉晒蔫了的！强光可能晒伤多肉，还会提高土壤温度，造成土壤内部闷热潮湿，容易让多肉黑化(即从多肉和土壤接触部位烂起)。所以最好是放在半阴处养护一段时期之后，逐步地增加阳光强度，既能防止晒伤，还会保证多肉生长的适宜温度。

## 勿施肥药

缓苗期多肉还没有开始正常生长，无法正常吸收水肥，这时候施肥、喷药或大量浇水都可能影响正常生长，甚至会造成根部腐烂死亡。此外还建议缓苗期内尽量不要铺面石，这样有利于观察和探测土壤的湿度，还有利于土壤通风透气。

## 坏根不除，后患无穷

一般来说，多肉植物生长1年后，会有因正常的新陈代谢自然退化了的空根、暗黄色萎缩根或病菌感染、土壤板结等原因而坏死的部分根系。这部分根系坏死后如不及时清除，不但会影响植物吸收水肥，而且会直接感染新根，影响新发根系的健康生长，最终会感染扩散到植物全身，就会出现黑腐等病变。因此，要及时修根。

### 修根时要严格遵循以下注意事项

轻轻用手捋掉干根，用剪刀剪去烂根、腐根。

1. 根瘤在景天科、百合科多肉的根上都会生出，它的出现会阻止根的营养和水分的吸收，所以要及时清除。

2. 将新买的多肉放在自然通风遮阴处晾2~3天。这样那些已经失去或即将失去生长力的老根、毛根最先干枯，用手轻轻一捋就脱落掉了。

**19**

# 修好根：根壮苗壮

根系就是植物的命门，多肉植物状态好坏、叶片肥厚都与根系的健康程度有关。对于新买入的多肉植物，特别是在网上购买的，大部分还是需要进行修根的。而那些无根的多肉植物，只要掌握了生根的方法，也是容易生根成活的。根的好坏是关系多肉生衰存亡的重中之重。

## 修根不急，先晾后修

修根不要急，先放在通风遮阴处晾1~2天。自然通风处是空气流通的地方，而不是有大风的当风口。

2~3天之后，那些已经或将要失去生长力的毛根、老根、腐根用手轻轻一捋就掉了。除了生长力强的白色根，那些暗黄色的枯根、萎缩根、根皮以及过剩的须根，统统修剪掉就可以了。

## 发现根瘤，及时除掉

发现干尖后及时脱盆检查根系。

修根之后的多肉，要在通风处，晾1~2天。

1. 多肉颜色暗淡或萎缩，这时，脱盆检查根系会看到根上有大小不等的瘤状物，其表面粗糙，里面常有虫卵寄生。有时直接在主茎下，阻止根部正常的生长。

2. 防止根瘤产生，要保证土壤和花盆都经过高温暴晒消毒。寄生虫（如线虫）怕高温，一般在55℃时即可被杀死，因此应经常换高温杀菌过的培养基。

# 杀菌：杜绝病菌隐患

为了防止多肉染菌、腐烂，肉友们真的是想尽了办法：

有人用高锰酸钾药水涂抹多肉根部伤口，以达到杀菌消毒的目的；还有人把多肉的培养基放在微波炉中高温加热来杀死病菌。

那么正确的处理方法到底是什么？

## 尽量不用化学药剂杀菌

多肉修根之后，如果在阴凉通风处晾1~2天，伤口干燥愈合后再栽植，一般不会染菌。

平时尽量不要用高锰酸钾等化学药水给多肉杀菌消毒，因为"是药三分毒"，多肉就像人一样，没有生病就无须吃药，而且人类所生活的环境到处都是病菌，免疫系统的保护让我们正常生存。多肉也是一样的，无须刻意制造无菌的环境，否则会让多肉抵抗力减弱，影响之后的正常生长。

## 微波炉高温杀菌不可取

有的肉友发现多肉染菌之后，就慌了，恨不得把所有能杀菌的方法都试一下。其实土壤里适量的有益菌，可以帮助多肉分解微量元素，促使多肉健壮生长。

用微波炉高温加热培养基，会把土壤里面的有益菌全部杀死，是一种矫枉过正的做法，不可取。

## 发现染菌，多菌灵很管用

多肉染菌的部位很不确定，应该说哪里薄弱，哪里就容易染菌，平时一定要细心多观察才能及时发现。

发现多肉染菌，如果情况不严重，就用稀释好的多菌灵溶液定期喷洒，然后做到以下几点：

1. 一定要避开高温、太阳直晒。

2. 喷洒时一定要全面，每个叶腋、叶面、叶背都要喷洒到，才有灭菌的功效。

3. 用多菌灵溶液浇灌土壤，全面预防病菌。

如果土表层以下1厘米内都有菌了，此时要将多肉立即脱盆，检查根部，染菌的部分用刀切掉，然后在伤口处涂抹多菌灵干粉，在阴凉处晾3~5天就可重新上盆。

### 华叔经验谈

多肉染菌的原因一般有两个：

1. 多肉植株体有伤口；

2. 多肉体质弱，无法抵抗细菌侵袭。

所以为了防止多肉染菌，要适时适量施加肥料，根据科属的差异，按其习性适度光照和通风，疏松土壤，通过加快土壤干湿交替来预防病菌的滋生，还能增强多肉的抵抗力。

# 配土：大小颗粒要选好

多肉虽生性强健，但配土有讲究，要有科学性，不可乱配！

市面上出售的多肉植物培养基有很多种，比如火山岩、珍珠岩、赤玉土、鹿沼土等，有的还比较贵。

并不是昂贵的土就是好配土，也并不是把这些植料每种都买一些混合在一起就是最营养丰富的配土。而是要根据多肉习性，各苗配各土，大苗小苗各不同。

## 小苗小颗粒，大苗大颗粒

一般来说，只要遵循"小苗小颗粒，大苗大颗粒"这条配土原则，多肉就会健壮地成长。

很多肉友认为多肉喜欢颗粒土，所以刚买来的小苗就用纯颗粒土或者颗粒土所占比例较大的土，但是养一段时间后，多肉就容易萎蔫或死掉。这是因为不适合！

## 华叔经验谈

1. 配土中加入一些透气性较好的颗粒。这些颗粒能够增强土壤的透气性，有利于多肉根系的呼吸，还可防止根系处于闷湿的环境中而发生腐烂现象。

2. 土壤也有保质期。无论是什么配土，最好不超过一年使用期，为保证配土中有足够的微量元素、肥力和透气性，需要为多肉勤换土。或者将老土放置在烈日下暴晒及雨淋，不仅能将土壤中的病菌和虫卵杀死，还可以补充微量元素。

小苗如同小孩子，吸收营养的能力较弱，需要的养分是靠水溶解后才能吸收的。

直接使用大颗粒土会导致小苗发根很困难，最终因为不能正常吸收水分和养分而死亡。

而大株多肉吸氧能力很强，对土壤的透气性要求提高，这就需要在配土中加入足量的大颗粒来配合其生长，生长多年的老桩甚至用碎石来栽培都没有问题。

因为大株多肉粗壮的根系上的吸氧根毛很强健，这些强健的根毛可以辅助根部探嗅到颗粒土中可吸收到的最佳营养成分，以满足其生长所需。

## 配土的终极法则

利水保湿，没有虫害，根系发达，科学配土：

1. 土壤要疏松透气、利水保湿，没有有害虫菌。

2. 看多肉的根系是否发达。无论是大苗、小苗，还是不同品种的多肉，根系较弱就应减少大颗粒土的比例，根系发达就加大比例。

以根系的强弱来制定配土方案，就好比依据人的消化吸收功能来制订食谱，只有科学合理的食物搭配，才有可能养出健康、聪明的孩子。

## 大颗粒与细颗粒混合搭配

大颗粒与细颗粒合理搭配，才能获得最佳的培养基。

最常用的细颗粒土为草炭土、蛭石、细沙等。泥炭土与草炭土都含有丰富的有机肥，非常适合养多肉植物。

小苗，直接用草炭土加少许细颗粒珍珠岩，也可以用蛭石加少量1~3毫米的颗粒土。随着小苗的生长逐渐加大颗粒植料的用料。

许多肉友以及多肉的养护书中都将草炭土和泥炭土混为一谈，其实两者是不同的。

草炭土含有较多的植物腐殖质纤维，其储水性、透气性也更胜泥炭土一筹，所以更利于多肉根系呼吸和水分的储存。但是草炭土容易干透却不易浇透，浇水时水容易从盆边渗出，而中心却没有水经过。

## 搭配原则

1.蛭石与草炭土搭配是非常不合理的。浇几次水后，土壤密度急剧增大。因为这两种土壤混合后能在较短的时间内变成粥泥状，不易控干，最终造成土壤板结。

2.配制培养基时，可以喷洒多菌灵溶液杀菌，也可以拌一些杀虫药，还可以拌少许肥料。

## 五个科属多肉用土原则

景天科：大部分为须根性植物，根系不太发达，配土时可以减少颗粒土的比例，可适当多增加一些草炭土、细沙、椰糠（但椰糠容易生虫卵）。

玉露、寿等十二卷属以及番杏科：根系多为肉质根，可以加大颗粒土的比例，以增强透气透水性。

景天科、番杏科：喜欢保水、保肥、利水、透气的沙性培养基，最不喜粉末性土壤。植株越小越要用小颗粒，植株越大颗粒越大。

百合科十二卷属：喜沙性土壤，也要依据植株大小，植株越小，颗粒越小。

仙人掌科：富含石灰质的培养基，早先肉友都用旧墙皮（熟化的石灰质）来养仙人掌，烧过的乏煤灰煤里也含石灰质。

以上各科幼苗均不用颗粒土，最好用蛭石或草炭土加一些鹿沼土、轻石等小颗粒来增加透气性。

若想老土新用，应让土经烈日暴晒杀菌，再雨淋补充微量元素。

### 新手用土宜买专门植料

很多花店和园艺公司里都有配制好的多肉植物专用植料，而且已添加缓释肥料及杀菌剂等，具有出色的透气性和排水性，利于根部生长，是十分便利和清洁的优质植料，很适用种植多肉的新手。

## 常见颗粒土

### 1. 火山岩

坚硬不易变形、透气性好、含丰富的矿物元素，价格较贵。

### 2. 珍珠岩

吸水性和透气性很好。浇水后有松土、增加透气性的效用，但容易漂浮到土壤最上面而影响观赏，需要人工清理。

### 3. 赤玉土

含有充分的微量元素和植物生长素，缺点是使用时间过长后会慢慢粉碎，粉末会使土壤板结。如果在配土中加入了赤玉土，最好不要超过一年使用期。目前在日本应用最广泛。

### 4. 蜂窝煤渣

常见易得，刚烧出来的蜂窝煤残渣需要放置一段时间后再使用，否则有可能烧坏多肉根系。使用时，只需将其敲碎，筛出颗粒，去掉粉末即可。透气、保水性强。

### 5. 蛭石

在高温作用下会膨胀，具有疏松、透气性好、吸水力强、温度变化小等特点，含有丰富的微量元素及生长素，有利于多肉的生根。

### 6. 鹿沼土

呈火山沙状，有很高的通透性、蓄水力和通气性。其尺寸并不十分一致，有许多孔眼。

1 火山岩　2 珍珠岩　3 赤玉石　4　5 蛭石　6 鹿沼土

### 7. 陶粒

表面是一层坚硬的外壳，具有隔水保气作用，轻质陶粒的内部结构特征呈细密蜂窝状微孔。可作为多肉配土中的大颗粒培养基。

7 陶粒

# 选好花盆也很关键

我们想要养好多肉植物，配盆很重要，盆配的合适不合适，关系到多肉生长的方方面面。

很多肉友在养肉时往往是外貌党，只注重花盆是不是可爱，造型如何，往往忽略了花盆的大小。就像人"多大脚穿多大鞋"一样，多肉应该生长在与其大小适宜的花盆中才能健康生长。

花盆过大和过小，都会影响到植株的根系生长发育和土壤水分条件，所以万万不可掉以轻心。

## 选盆不是越大越好

花盆一定要选合适的。花盆太大，盆土水分不易挥发，根系容易出现缺氧、腐烂的情况。另外，水肥供应过量，也容易导致多肉徒长。但是花盆太小了，多肉的根系生长受限，也会影响植株的发育。

所以，为多肉选盆一般的原则就是：多大的肉就选多大的盆，切忌"大肉小盆"或"小肉大盆"。

## 这样才算大小合适

广义来说，除了个别根系比较发达的多肉可选用大一些的盆之外，一般的多肉植物都可参照其株冠的大小来选盆。

花盆直径应与植株的冠径相匹配，比冠径稍小一些为宜。而对于莲花掌类多肉植物来说，就要看多肉的头部直径的大小了，花盆直径应大于多肉头部直径1~1.5厘米。你可以按照自己的喜好和品位，全面顾及多肉规格、颜色搭配、造型需要等自己制作花盆，有时候能取得意想不到的效果。

## 花盆的材质也很重要

现在市面上的花盆当真是又漂亮又多样，令人眼花缭乱。花盆就材质而言，常见的有瓦陶、陶瓷、紫砂、塑料、玻璃、竹木等。

相对而言，玻璃和塑料的花盆透水、透气性最差，一般不要选择。陶瓷材质的花盆虽然漂亮，但是透水、透气性居中，要谨慎选择。紫砂、瓦陶、竹木类的花盆透水、透气性最好，最适合种多肉，但由于紫砂盆价格较贵，所以质优价廉的瓦陶、竹木材质的花盆成了养肉的不二选择。在多雨潮湿的南方，还可以选用竹篮，耐腐抗衰，还很适合做造型！

在较大花盆中幼苗易徒长。

**华叔经验谈**

1.养肉最好选择瓦陶材质的花盆，因为这种花盆透水、透气性较好，多余的水分可以自然渗出盆外，有利于多肉根部的呼吸。

2.瓷盆造型很多，土壤干湿交替缓慢，南方潮湿环境下的新手要慎重选择。

# 浇水：南北方大不同

养多肉，浇对了水你就能得八十分。几天浇一次水？这种懒人思维方法会害死多肉的！因为环境不同，气候、空气湿润程度不同，甚至你家肉肉定居的位置不同，都会影响肉肉需水的频率！所以"几天浇水"这个问题确实是无法回答的。养多肉，浇水是个技术活，自己的多肉每一盆都是"独家定制"，仔细看看汲取老手们的浇水经验，能让你少走很多弯路。

## 浇水法宝：见干见湿

无论养什么花卉，都要遵守的浇水原则是"见干见湿"，意思就是浇过一次水后，土壤水分消逝，再浇第二次水，浇则浇透，直到有水滴从盆底部滴出。

那土干到什么程度才浇水呢？如果空气湿度很大，土壤干到七八成就要浇水了；如果空气很干燥，如北方的春秋天，土壤干到一半就要补水了；如果多肉在生长期，土不用全干；若在休眠期，土壤可以全干。

## 见干见湿频率越快，多肉越长得好

大肉小盆，土壤干得太快；小肉大盆，干湿交替又太慢了。要想多肉的干湿交替频率快，就要花盆大小合适。

很多肉友误认为小肉大盆有利于多肉生长，实际上非常错误，水浇下去，土壤处于长期湿溺状态，根部因长期过量溺水造成吸氧管壁破裂，营养汁液倒溢，根部最终水化腐烂，就给真菌侵入及繁殖创造了有利环境。

## 阴雨天，就不要再浇水啦

浇水频率还要看天气的心情。晴天，多肉在阳光的照射下进行光合作用，植物细胞分子处于活跃状态，在快速地分裂及复制，那就意味着正在快速地生长，所以需要水、氧的供给；然而，阴雨的天气就不同了，多肉没有阳光照射，停止大部分的光合作用，水、氧的需要量减少，并且空气湿度也大幅度的增加，盆土的干湿交替变慢，所以，在阴雨天不要浇水。

另外，生病的多肉，休眠的多肉，都应减少浇水频率，但每次浇水时也要浇透。

### 华叔经验谈

1. 夏、冬季，多肉生长缓慢甚至停滞，不需要很多的水分，所以这个时候要遵循"宁干毋湿"的原则，宁愿干一些，也不让它们太湿，以免多肉根系腐烂。

2. 给多肉浇水时，不能直接浇在叶面上，尤其是正在开花和叶面带有茸毛的多肉。如不慎浇上水，要及时用纸巾吸干水分。

## 花盆也会替多肉说话

不同花盆材质、大小、深浅的不同，也要有也不同的浇水策略。

陶盆易干，塑料盆较为保水，大盆、深盆保湿强，小盆、浅盆易干。判断盆土是否需要浇水可以靠经验感觉，比如湿盆土较重，干盆土较轻。

## 竹棍插土测干湿

新入"肉坑"的肉友，如果很难判断土壤的干湿程度，不知何时该浇水，那么可以采用一个非常直观、实用的笨方法，就是将竹签长期插在土壤中，判断盆土干湿程度。

具体方法是：在盆土中插入竹棍，一插到底，经常抽出竹棍查看，根据竹棍上带湿土的长度，判断盆土到底有多少还没有干，从而掌握不同季节、不同天气情况下土壤的干湿规律。一般来说，盆土有一半以上是干的，就可以浇水了。

### 一定要知道的浇水常识

春季和秋季是多肉的生长旺盛期，需勤浇水。

越是需要高强光的多肉，越需要勤浇水。

**1. 生长势越旺，越勤浇水**
越是在多肉的生长旺盛期，越是生长旺盛的多肉，需要的水分越多，越要勤浇水。

**2. 叶面不同，光照度需求不一样**
同一科属的多肉不同品种叶面形态不一，按照光照度需求由大到小分别为：光面、粉面、毛面。

## 浇水时间也有讲究

在不同的季节，或一天中的不同时间，浇水的方式都有所差异。要考虑到温度、休眠期等各个因素，用心养护多肉才能养出又美又健康的多肉。

夏季高温，浇水时应该选择早晨或者傍晚，最好是清晨，禁止中午高温时浇水。中午高温时浇水就如同人在高温下浇冷水，容易感冒。有的多肉在夏季高温期会休眠，因为控水的原因，出现萎缩缺水的状态。如遇夏季凉爽天气，应抓住机会及时补充水分。

冬季浇水要依据温度判断。多肉生长旺盛温度范围为 15~28℃，15℃ 以下生长缓慢，低于 5℃ 将出现休眠状态，0℃ 以下就会被冻伤甚至死亡。根据这个生长温度的范围，在温度过低的寒冷地区，应选择在接近中午的前后浇水，以使多肉不被冻伤。

### 华叔经验谈

1. 茎髓稍带黑色就说明已经感染真菌，此时一定要将其切除，直至茎髓全部白色为止，否则就功亏一篑。
2. 坏根、坏叶从植株上取下后，去除感染的部分，剩余部分还可以根插、叶插。伤口处可蘸取烟灰或者用多菌灵溶液喷洒，晾干后可进行根插、叶插。

总而言之，浇水的原则就是在体感温度不那么热或者稍微凉爽的时候给多肉浇水，此时多肉的生长状态，能充分吸收水分。此外，浇多肉的水最好晾晒一段时间，使水温与室温接近。

## 浇半截水会害死多肉

很多肉友随手给多肉浇水，土壤看着是湿的，但下半部分却是干的，这就是半截水。任何花卉都怕这半截水。大部分新手养不好多肉都是因为这个坏习惯。因为根茎只负责水养传导，根须才是水养吸收处。植株根系的吸水性导致根系向上生长，这样多肉能健康生长才怪！

## 浇水后叶片还是蔫的，多半是根坏了

如果已经浇过水，一段时间后，萎蔫的多肉依旧没有任何恢复的迹象。这一般说明多肉的根系出了问题，只浇水已经不能够救活根系了。这时，及时翻盆修根是挽救多肉的唯一途径。翻盆的方法就是：脱盆，去土，修根（去掉烂根、腐根、空根和多余的须根），将多菌灵按比例水溶后，喷洗整个植株上下，然后在通风遮阴处晾 2~3 天，就可以用新土重新栽种了。

## 番杏科多肉浇水的秘密

番杏科的多肉在蜕皮的时候，就算土干透了，也要坚决断水；开花的时候控制浇水，并禁止将水浇在花上；夏季休眠期禁止浇水，生长期浇水则要见干见湿。

# 光照：你觉得冷的时候它也冷

多肉跟人一样，也能感受环境的温度，光照的强弱。既然你已经把它领回家跟你一起生活，你就得感同身受，给它一个舒适安全的光照环境。

充足光照是多肉变美的首要因素，但是新手们一般不会关心光照时间的长短和光照强度，只是一味地放在阳光下晒。这样的关心对多肉是远远不够的，多肉的每一类都有特定的光照要求，还是那个词，独家定制。

## 长光照与强光照傻傻分不清

长光照是指多肉接受光照的时长，是一个时间概念；而强光照是指光照的强弱，不能将长光照与强光照混淆。

在多肉养护中我们通常所说的光照时间，指的是白天的时间，也就是从天亮到天黑之间，并不是指必须要照射肉眼可见的太阳光。肉眼可见的太阳光已经是强光的范围了。

另外，光照与温度不是一个概念。举个例子来讲，我国的新疆地处内陆，晴天较多，阳光照射受阻较少，所以光照非常充足，光照较强但是又因为其地处高纬度地区，所以温度却相对较低。所以不能将长光照与强光照等同，更不能将光照与温度等同。

## 各个科属需求各不同

在夏季，当你在室外已经被太阳晒得受不了的时候，就说明此时的光照非常强了。这时，大部分多肉就需要遮阴了，如景天科、番杏科、百合科等。

还有一些仙人掌科的球子，我们知道它们的原产地大多是沙漠，所以就误以为高温和强光它们都能适应，其实这是大错特错。事实上，虽然它们能耐高温，但却不耐夏季酷暑的强阳光直射。所以光照过强时，一定要采取遮阴措施。

## 光照强弱不能剧烈变化

多肉虽然都喜欢长光照，但它们都怕突然的光照强弱变化，如果长时间放在遮阴处的多肉，想搬到强光处露养，那就需要一个缓慢的光照过渡的阶段。否则会晒伤多肉叶片，甚至晒死。所以移动花盆要慢慢来，给它一个适应环境的过程。

仙人掌适应环境能力强，只是耐旱，但不喜欢干旱，喜欢高湿环境。

**华叔经验谈**

一切植物，包括多肉植物，都喜欢晨光，早上能在室外晒太阳是最舒服的啦。但是它们不喜欢夕光，而且怕中午剧烈的阳光。中午光照过强的时候，一定要适当遮阴，尤其在夏季。

# 经过一个夏天，多肉死光光了

很多新手的多肉都夭折在夏天，夏天实在是养多肉的一个不小的门槛。那么夏日的多肉，要如何养护呢？夏季气温高，空气湿度大，此时为多肉降温和防止染菌就变成了头等大事。我们要做到控水、通风，控制土壤利水性、透气性，还要及时用遮阳网适当遮阴。其次也要放宽心态，在正常养护的情况下一般都会正常生长，但是植物生老病死也是自然现象，不能强求。

## 夏季浇水这样浇

夏季以控水为主，浇水要选在清晨或傍晚，如果碰到难得的凉爽的天气，一定要记得抓紧时间浇水。因为夏季多肉高温下会休眠，一旦降温，温度适宜，它就会启动生长机制，开始吸收水分。

## 华叔经验谈

1. 有的肉友在夏天会将多肉植物放到空调房甚至空调下，还有的放在没有光照的阴凉的北阳台。这些都是不可取的，高温季节应让其充分休眠，还其原生态的习性，这样才有利于多肉植物的成长。虽然我们看到的是一种休眠状态，不吃也不喝，其实它们机体内的细胞分子始终都在活动着，它们在修复机体能量，一旦到了适应它们生长的季节温度，在正常的养护下它们就会生机勃勃。

2. 夏季高温、闷湿环境下应密切观察多肉的整体状况，发现溃烂及萎黄的叶片、染菌、被虫子伤害的地方，要及时摘除及切除，并做好杀菌、晾干伤口等处理。

## 夏季通风有妙招

露养的多肉很容易保证通风状态，这是降低多肉感染黑腐病等真菌概率的关键。但是对于干燥的北方而言，适合露养的是大部分景天类多肉植物，而十二卷属及番杏科多肉植物、仙人掌类多浆植物则不适合露养，因怕大风及淋雨！

没有露养条件的肉友，可以给景天类多肉植物用小功率风扇在距离稍远处扇风，达到散热目的。

## 夏季防晒要当心

北方夏季光照强度大，此时要适当遮阳，长期摆放在光照度差的地方的多肉千万不能突然挪到强光下照射，这样容易晒伤多肉，应逐渐增加阳光照射才行。不可露养的景天植物可以放在3针遮阳网（遮光率在50%左右）下遮阴养护。

对于仙人掌科多浆植物，虽然能耐60℃高温，但夏季也要适当遮阴，可在3针遮阳网下遮阴。

## 在度夏之前做好准备

既然夏季是多肉的柔弱期，那就要在夏天来临之前将多肉调整到最好的状态，夏季的主要任务就是平安度过，从苗木状态、根系土壤等各方面做好万全的准备。春季早一些就开始购买植物，尽量购买小苗而非老桩。无根苗购买，不建议晚于5月，度夏之前养好根系，留半个月到一个月的时间缓苗养根，土壤也换成以颗粒土介质为主，适应家里的新环境。

## 景天科多肉夏季要防徒长和病菌感染

我国大部分地区夏季阳光不足，桑拿天多，雨水多，空气湿度大。此时的多肉非常容易徒长和感染病菌。家中光不足时，可以通过加补光灯及控水来控制徒长，因为浇水量要与光照量成正比。即使多肉徒长了也不必担心，等到入秋温度降下来，再有了良好的光照，结合繁殖，通过构思修剪一下后又会恢复漂亮的株形。

因闷湿缺光导致病菌感染，使得多肉水化、烂根、黑腐等，就很难存活了。除了有一些多肉因本身抵抗力差，植株本身纤弱，容易产生黑腐，绝大部分多肉都是因为长期缺光，长时间根部闷湿而死。

## 其他科多肉度夏大不同

在夏季，景天科、番杏科、龙舌兰科的需要良好的通风，光亮叶子的景天品种和中大型的强健龙舌兰品种可以露养，不必遮阴。

### 十二卷属多肉度夏

温度过高或过低，多肉会出现叶片闭合的休眠状态。

晶莹剔透的玉露在夏季会失去光泽，要适当通风。

1. 一般来说，百合科十二卷属多肉属于冬性植物，不同于夏性植物的仙人掌科等那样耐高温及喜欢闷湿。夏季高温高湿会造成它们水化、染菌。所以，要给盆土控水。

2. 要根据具体温度环境适当地给它们微通风，密切观察植物的整体状态变化，对于有水化、染菌，或已经退化了的萎黄叶片要及时除掉，并晾干伤口后全方位的喷一次多菌灵溶液。

# 它也需要肥料的

其实大部分多肉需肥量是很低的，一般来说，盆土底层那一部分纤维性有机肥（如草炭土）中所含的肥力已经足够满足其生长需要了，比如景天科、百合科十二卷属、番杏科多肉都不需要大肥。

多肉需肥量很少，只需微量、淡薄肥就可满足它的生长。过多的水肥还有引起多肉黑腐、水化的危险，仙人掌科多浆植物除外。

新肉上盆时拌少量拌肥、奥利长效肥或腐熟有机肥。

## 华叔经验谈

1. 壮苗可施氮肥，脆弱苗不可；钾肥应提前一季施肥；磷肥提前两季施肥。

2. 切记不要过量施肥。多肉对肥吸收缓慢，如果施肥过多，多肉的茎液会出现"倒溢"现象，倒溢时多肉会"吐出"强酸，烧坏植株，虫菌就会趁机而入。多施肥还有很多危害，比如黑腐、水化等，总之，不可多施，适度就好。

另外，与家庭花卉不同，景天科多肉不喜肥，上盆时切忌添加腐熟有机肥为底肥，可以稍微拌一些长效肥。

## 微量长效肥、有机肥就足够

对于新换土、新分苗的多肉，上盆时在培养基中拌少量拌肥、奥利长效肥或有机肥，就能满足它 1~2 年的生长，但一定要适量。一定不能施加底肥！这样会使多肉叶片爆裂，甚至会有烧根的危险。

有机肥主要含有骨粉、米糠及各种饼肥、下脚料等。肥力释放慢、肥效长、易得，不易引起烧根，但是经常因为有臭味、易弄脏植株叶片而受到肉友诟病。

无机肥一般就是尿素等，肥效快、易吸收、养分高，但是容易对植株造成伤害。

如今市面上的专用肥料，如"卉友"系列等，都可使用。

## 生长期、花期前可适量追肥

如果你想让多肉长得快一些，或者让它长得更健壮一些，或者花儿更艳，追肥是不错的选择。

多肉的追肥很简单，就将少量缓释肥埋在土表中，在浇水过程中，会慢慢释放肥效。

但是，切记不能过多！不同生长阶段，不同种类，对肥料的要求也不一样。初春是向快速生长期的过渡阶段，施肥会促进多肉更好地生长。盛夏高温半休眠应暂停施肥。入秋，植株开始恢复生机，可继续施肥，但是不可过多，以免植株生长过旺，新出球体柔嫩，冬季易遭冻害。冬季一般不施肥。

## 仙人掌科，生长期应大肥大水

仙人掌科属于多浆植物，所以与大多数多肉植物不同，它们需要在生长期大肥大水，比如牡丹、强刺类、柱类等。

可以在开花期为仙人掌科多浆提前喷施磷肥，春季开花时，要在前一年秋天开始追加磷肥，停止氮肥，能使花开得更多，花色更艳。

而春、秋季适量地施一些钾肥，让其在夏季或冬季耐暑抗寒能力更强。这跟氮、磷、钾的作用是休戚相关的。

但是，仙人掌科里无毛刺的植物除外，一旦肥料浓度太大会导致叶片爆裂，比如兜类、"鱼"类等。

## 肥料作用各不同

1. 氮肥

主要作用是促进植物生长，使植物长得更加健壮。但是过量施氮肥会引起烧根，花会受到伤害，对生长弱的多肉可以施加氮肥。

2. 磷肥

可以促使多肉开花、结果、上色，能使多肉更加抗寒耐暑。在开花期施加磷肥能使开花更多，花色更艳。

3. 钾肥

也能使多肉抗寒耐暑，而且能够防止多肉感染病菌，可以在春季或者秋季施用。

初春是向快速生长期的过渡阶段，施肥会促进多肉的生长。

# 徒长了怎么办

如果你发现多肉生长突然加快，枝干伸长，叶片间的间隙变大，没错，你的多肉徒长了。徒长的多肉不美观，而且细长的枝条容易弯折，也因过度生长使抵抗力变弱，同时失去了观赏价值。但是另一方面，徒长说明多肉的生长活跃，有很好的活力，也不能一味否定徒长。徒长也会加快出桩的速度。

## 我的多肉变长了

多肉的任性徒长最主要原因是缺乏光照和浇水过于频繁，但是不同种类徒长的原因是多种多样的。例如十二卷属多肉徒长可能是因为过湿，而景天属、青锁龙属、长生草属、千里光属等多肉可能是因为施肥过多。石莲花属的部分品种，盆土过湿，施肥过多，都会引起它的徒长。

光照弱，多肉的叶绿素光合作用降低，使得细胞体脆弱，它就会努力趋光而拉长。要控制它的徒长，就要从光照、水肥、土壤等各方面来对它加强养护。

而单单控水并不能从根本上阻止多肉徒长，只是减缓了多肉的生长速度而已。只有适当加强光照强度才能阻止多肉徒长的发生。

## 徒长了到底怎么做

首先我们要清楚徒长是不可逆的，对于已经徒长、走了样的多肉，加强光照和控水也无法挽回了。

要抑制多肉徒长，就必须适当增加光照强度，酌情控水。徒长后的多肉无法恢复美观精致的形态，必须从徒长的地方剪断，让其重新生长。

如果是小苗徒长了，可以适当增加光照，确保花盆不可过大，用土不可过深，干湿交替快，这样就可使小苗恢复矮壮紧凑的品相了。

## 徒长不用愁，"砍头"是妙计

徒长以后的多肉，枝细且嫩，叶片稀疏狭长。如果您受不了多肉这样，"砍头"就是最有效的方法。"砍头"其实类似于给庄稼摘顶芽，也就是所谓的去除顶端优势。

顶芽生长旺盛会抑制侧芽生长。如果顶芽停止生长，侧芽就会迅速生长。因此，给多肉"砍头"，自然就会冒出许多侧芽。这也是解决徒长并使其一株变多株最迅速的办法。

### 华叔经验谈

1. 如果家中阳光照射条件不好，最好不要选择需光照度较强的景天科多肉植物，因为它们在光照度不能满足的状况下最容易徒长。玉露、寿、玉扇、万象、软硬叶等十二卷属的多肉植物对光照需求弱一些，是不错的选择。

2. 将多肉从开始徒长的地方掐断，剪下的部分晾2~3天可慢慢长出新的植株；剩下的部分会促生多头。

## 哪些品种容易徒长？

景天科多肉一旦光照不足，就容易徒长，不过其中也有相对容易控制徒长的品种，比如大和锦、小和锦、冬美人等。

百合科十二卷属的多肉容易控制徒长，包括各种玉露、玉扇、万象等。偶有徒长，表现为叶形松散，叶片拉长不饱满。此时要增加光照，减少浇水。

仙人掌科的多浆植物大部分不容易徒长，包括各种仙人球、牡丹等。仙人柱、仙人掌类偶有徒长，表现为茎秆过快生长，可以结合整形、繁殖分别进行养护。

番杏科的生石花、肉锥等相对容易控制徒长，但光照过弱、浇水不当、浇水过勤也会造成徒长，平时养护应本着蜕皮阶段严格控水，用盆不要过大，保证盆土干湿交替快，见干见湿，光照尽量好一些。如已徒长也不必沮丧，等待下次蜕皮后，保证合理养护，就会恢复健壮、漂亮的品相。

## 这些多肉徒长怎么办

"砍头"后不要急，先放在通风遮阴处晾1~2天，等伤口愈合、干燥以后再栽种。

生石花在蜕皮的阶段要严格控水，一定不要暴晒。

### 虹之玉徒长怎么办

一般虹之玉徒长是因为光照不足，但是已经徒长的没有办法恢复。可以"砍头"促使生侧芽。

### 生石花徒长怎么办

生石花移在半阴处就会徒长，所以一年四季都应置于充足阳光处，就在酷夏时候适当遮阴就好。可以不要浇水，暴晒蜕皮。

# 茎上生出气生根

多肉养一段时间，有的肉友会发现自己的多肉在茎部长出了暴露在空气中的根，这就是气生根啦。通常来说，大部分多肉都会生出气根，特别是景天科。能生气生根的多肉生命力都很顽强，我们可以通过其根来判断多肉的生长状态。

重量，这时候就会长出气生根来，起到帮助支撑的作用。气生根要生长一段时间才能起到支柱作用。

## 气根可以起到支撑作用

多肉植物一般头重脚轻，植株幼小的时候尚可，一旦长大，重量全部集中于枝叶，而主干却又细又长，难以支撑主体的

## 空气湿度大，气生根

很多人认为，气生根是因为多肉根系出现了问题。其实，气生根并不是根系的问题，是因为空气湿度大，加上一些品种自身的习性造成的。

### 生出气生根，怎么办？

如果根部是健康的，需要给多肉植物增加光照，适当控水。

**先看根部**
长出气生根，首先判断生根原因，如果植株健康，完全可以不用理会任由其生长。

如果发现根部有问题，需及时脱盆，去掉烂根、腐根。

**水肥问题**
如果是水、肥、土壤或者根部出了问题就对症下药，着手处理。其实生出气生根的多肉还是很漂亮的。

# 肉肉休眠了

## 让该休眠的多肉充分休眠

多肉休眠，就跟人的休息一样非常重要。看到多肉萎靡不振，许多肉友心急如焚，想要多肉保持旺盛生长的状态。这是错误的，正确做法是让休眠的多肉自然休眠。

多肉休眠如同人体需要睡眠，在睡眠中恢复体力，积攒第二天活动需要的能量。如果没有休眠，多肉的抵抗力和活力就会大打折扣。所以在高温来临时，要控水，即延长浇水的时间间隔，但浇水一定要浇透。

## 休眠也是一种生命状态

多肉植物绝大部分都是冬型植物，夏季温度过高时（超过35℃）它们就会逐渐生长缓慢，直至进入休眠期。多肉休眠时，其地上部分基本不会生出嫩叶，叶片光泽也不好，有时还会黄叶、掉叶。但是多肉的根系并未休眠，还一直处于一种预备状态，准备随时吸收水分，以储备能量。一旦遇到比较凉爽的天气，一定要抓住时机，为多肉狠狠地补一次水，一次浇透。

## 休眠期养护早知道

夏季遇到凉爽天气时，一旦浇水就要浇透。

**控水**

温度过高时，为了让休眠的多肉充分休眠，要严格控制水分。抓住凉爽的天气可以适当补水一次。

处于休眠状态的多肉，最好不要换盆，因为它适应不了新环境。

**半阴**

夏季休眠期切不可放在阳光下暴晒，一定要适度遮阴，避免晒伤或者失水过多死亡。

# 缀化 & 多头

新手在论坛常常会看到肉友在说自己的多肉"缀化"了、"多头"了等,令人一头雾水。想要养好多肉,知道多肉养护的"行话"是很必要的,这样才算是入门了多肉坑。本书就来介绍一下这些专业术语都是什么意思。首先是常见的"缀化"和"多头"。

## 何为缀化

"缀化"是指多肉受不明原因刺激后,植株内部的部分营养输送通道堵塞,而其他的营养管道膨胀,进而偏离原来的轨迹

缀化的多肉可遇不可求,很难定向繁殖。

而出现植株顶端生长点异常分生,最终形成扁平的圆形或鸡冠形的一种现象。这其实也是多肉植物的一种变异状态,目前无法人为控制。缀化的多肉在市场中价值远高于非缀化品种。

## 何为多头

"多头"是指多肉枝条上部生出许多侧芽,出现多个多肉头部并生的现象。景天科多肉的某些品种可以通过"砍头"的方式,刺激其萌生侧芽。

## 如何辨别是缀化了还是多头?

新手往往搞不清缀化与多头的不同之处,缀化从根本上改变了多肉的形态,而多头只是由多个生长点长出了多个植株,二者的差别主要体现在茎上。缀化以后的茎部形态改变,而多头只是茎的数量的增加。

其实这二者还是很好辨别的,多头有很多茎,没有扇形的变异茎,而缀化后的茎变宽扁平,有时候缀化的茎也是能跟正常茎共存的。

### 华叔经验谈

想要辨别缀化就要抓住两点,首先茎必须是一个整体,其次茎的形状变成扇形。
如果你一不小心养出了缀化的肉肉,一定要细心养护,因为这样的机会不是每个人都能碰到的。不过缀化消失了也不要伤心,自己养的肉,怎么都好看!

## 如何保留缀化状态？

无论何种多肉，偶尔都会心血来潮地来一次缀化，但是最终都会回归正常的生长模式。有的肉友为了保持缀化的形态，会有规律地不断移除正常生长的部分，这样缀化部分就不会消失，从而保留其新奇的植株形态。缀化的植株观赏价值高，价格也高。缀化的多肉也能扦插繁殖，剪取缀化部分容易保留其缀化特征，但是不一定成功。但是也不要刻意追求缀化而伤害植株的正常生长状态，顺其自然就好。

## 多肉如何变多头？

最有效的方法就是"砍头"。将多肉头部（可保留较多的叶子）砍下，"砍头"后下部植株也保留了较多叶片，生长点完全切断后，充足的营养可以输送至切口，更容易生出新头，变成多头。

而且，由于砍下的头部保留了较多叶片，储存了足够养分，伤口晾干愈合后入土栽培更容易成活。

**缀化与多头的不同**

缀化的多肉在市场中价值远高于非缀化品种。

景天科的多肉最适宜通过"砍头"长出侧芽。

**缀化：**
缀化从根本上改变了多肉的形态，茎部形态改变。生长点还是原来的正常形态。

**多头：**
多头是由多个生长点长出了多个植株，只是茎的数量增加了。

**39**

# 要想出状态，需接近非洲的大温差

无限接近原产地环境，多肉才会更漂亮。多肉植物分布广泛，原产地环境也非常复杂。最适宜多肉生长的环境特点总结起来就是"温暖冷凉"。

"温暖"是指不会太冷；"冷凉"是说不会太热，"温暖冷凉"还意味着大温差，这就是多肉原产地的环境特点。

多肉原产地一年内大部分时间的气温都能保持在15~28℃，而且一天内的光照时间长，温差大，这样环境下的多肉植株健康，出颜色，品相好。所以，充分了解多肉原产地环境，为多肉营造一个"老家"，多肉才更容易适应，生长得更好。

## 华叔经验谈

1. 很多人都有一种误区：原产地的野生多肉才更珍贵。其实，原产地的野生多肉大多品相不好，伤痕累累，与园艺种大相径庭，根本没有观赏价值。我们从国外引进的基本都是通过多年、多次杂交出来的园艺种，市面上有很多以欺诈的手段宣传及销售假冒野生种，应引起广大多肉植物爱好者的注意，不要上当受骗！

2. 当然，刚从国外引进的多肉植物因地域的差异需要一个驯化过程，不必刻意制造原产地环境，只是越接近越好，通过慢慢驯化适应了新的环境，它就会恢复原有的品相及良好的状态。

## 无限接近原产地或培育地环境

不同的地区有不同的环境，尽可能接近原产地或培育地的环境，购买合适的多肉品种，养出美肉的胜算才更大。

举个例子来说，我国重庆地区阴天比较多，空气湿度大，常常会有雾蒙蒙的感觉。当地的肉友购买多肉时就要选择那些耐阴的品种及对光照强弱具有较宽松适应力的。

这些品种包括十二卷属的玉露、玉扇、寿，景天科的雪莲、芙蓉、熊童子等带有白粉或小毛刺的品种以及仙人掌科的龟甲牡丹、连山牡丹、金琥等，还有块茎类的龟甲龙、山乌龟等。

而那些红唇点点的吉娃莲、杨贵妃等，养段时间就会红边尽失，可以运用补光灯来补救。而那些通体会变红的品种，比如火祭，最好就不要养了，就算用上补光灯，阴雨连绵的天气下，也很难披上"红妆"。

## 因地制宜，选择适合养的多肉

而对于一些不是从原产地带回来的多肉，就不用再创造无限接近原产地的环境了。因为，这些多肉对于新的环境（非原产地环境，即培育环境）已经具备较强的适应性了。华叔精心研发培育出来的高端品种，比如冰灯玉露、乌羽玉、水晶龟寿等，如果外国人领养，就得营造出华叔的培育地环境。

## 温差是有范围的

一般来说，白天温度越高，多肉制造的养分就越多；晚上温度越低，多肉消耗的养分就越少。例如我国新疆的水果格外香甜，就是因为新疆昼夜温差大，水果内积累的糖分较多的缘故。

但是昼夜温差真的是高温越高越好，低温越低越好吗？答案是否定的。

绝大部分植物，包括多肉植物，最适宜的大温差都是有范围的，一般 15~28℃ 为绝大部分多肉植物的最佳生长温差环境。超出了这个范围，多肉植物就会生长缓慢，甚至停滞。

举个例子来说，-5~45℃ 也是大温差，但是这个大温差范围内，多肉要么会被低温冻死，要么会被高温烤死。所以适宜的大温差并不是无限制的"大"，在 15~28℃ 之间比较适宜。

绝大部分植物都有适合自己生存的温度范围，不能单纯为了让多肉出颜色，就强行增大温差范围，结果会适得其反。

## 学会分辨原产地的野生多肉

马齿苋是我国马齿苋科的原始多肉，也是街边、田地中最常见的一种野草。

**品相：**
刚采集到的野生种品相沧桑残缺，伤痕累累，一般只能在网上收集到图片。

**买不到：**
野生种是一直禁止采集的，即便被有些国家具有采集资格的科学人员采集到，也是作为收藏品，很少转让及销售，绝不会有批量销售出现。

# 出状态的多肉还需充足光照

充足日照是多肉变美的首要因素，但是很多肉友却不知道"强光"对多肉的影响，只知道把多肉放在阳光下晒就好了。

其实不然，多肉的科属不同、种类不同，对光照强度的要求也不同。最耐阳光直射的一些景天科多肉也忌夏日的暴晒。

光照是多肉生存的根本，足够的光照让多肉健壮、叶片紧凑、不易生虫，光照时间越长越有利于其生长。

夏季强光照下，多肉银星被晒伤，出现晒斑，有叶片枯萎。

## 华叔经验谈

我们都知道在夏季光照最强时，多肉最容易晒伤，但是你知道吗？春、秋季也是多肉容易晒伤的季节。这是因为冬季气温较低以及夏季温度较高时，多肉一般都会被肉友们放在室内或用遮阳网遮盖。

而到了春、秋季，很多肉友们便突然把多肉直接拿到室外接受阳光的直射。虽然这个时候的光照有所减弱，但突然被这样的阳光照射，还是会晒伤。

景天科多肉，百合科的寿、玉露、玉扇等，番杏科的生石花、肉锥及仙人掌科的球子都是喜欢长光照的，只有满足了光照，它们才有可能长得美，但需要的光照强度有所差异。

## 光照过强会晒伤

多肉虽然需要充足光照，但却害怕阳光强度大。大部分多肉能忍受高温，但是并不耐夏季强光。强光下多肉会被晒伤，甚至晒死。

即使是生长在沙漠的仙人掌、仙人球，它们甚至能耐 60℃ 的高温，但是也无法忍耐夏季的强光照，所以夏季它们不能放在室外露养，而且晴天还需适当遮阴，一般用 3 针遮阳网，遮阳月份按北方气候是在 6~9 月份。

## 你需要遮阴，多肉也需要

为了多肉舒舒服服地晒太阳，最简单的方法就是以我们自己的身体感官为标准，当我们在光照下感受到灼热，就该给多肉遮阳了，如景天科、番杏科、百合科十二卷属等。百合科十二卷属品种耐光强度偏弱，宜用 6 针的遮阳网（遮光率在 70%~80%），遮阳月份按北方气候是在 5~10 月。

不过这种方法并不精确，最根本的还是要读懂多肉的状态。这个需要经验积累，对植物经常观察。如果你的多肉不缺水、没生病、不缺光，叶片反而有些萎蔫，就要考虑到光照这个因素了。

## 室内到户外，要循序渐进

还在室内并适合露养的多肉植物，不能立即放到露天接受阳光的直射，要循序渐进地增加光照的强度，让它适应光照，可以这样来做：前 1~2 天，可以分别在清晨和傍晚将多肉拿出去晒半小时，然后放回室内；第 3~6 天清晨和傍晚可延长至 1~2 小时；第 7~15 天再延长 1~2 小时……以此类推。

也可对放置露天的多肉按以上所说的避光时间段、用遮阳网进行遮盖，这样就免去了来回搬运的麻烦，慢慢地，多肉就可以整天在室外接受日光浴了，而且不用担心被晒伤。

## 长光照不等于光照强

充足光照是多肉变美的首要因素，但是很多花友却不知道"光强"对多肉的影响，反正就是把多肉放在光下晒就好了。其实不然，多肉变美，虽需充足光照，但却忌强光。

## 防暑降温，空调间不可取

到了夏天，很多肉友为了给多肉降温，便整天开着空调，其实这也是不可取的。凉爽的空调间并不适合多肉待，因为它们喜欢有温差的环境，恒温的空调间会对多肉生长不利。温度较高并不可怕，多肉会自动进入休眠状态，只要注意通风，严格控水，多肉就能安全度夏。

## 阳台光照策略

南阳台光照最足，光照时间也最长，适合绝大部分多肉植物及多浆植物的生长，特别是春、秋季节，这段时间营养的积累能使它们长得快，而且不容易徒长，也最容易培养出好的品相。

另外，东阳台一般会有半上午的光照，而且任何植物都喜欢早晨的阳光。对于十二卷属多肉来说，光照需求基本能够满足，而且会避过午后最强的光照。但多肉没有长光照容易徒长。

西阳台不太适合需光量大的景天类多肉，光照需求较小的十二卷属类多肉可以勉强养护，但有时会赶上中午强度最大的光照，应及时遮阴避光。

见不到光或光照极短的北阳台不适合养多肉。

景天科的熊童子怕热，不宜在室外露养。

### 华叔经验谈

1. 景天科里带毛刺的多肉最好不露养，比如熊童子、信东尼等。
2. 家里有条件的，多肉植物最好不放在玻璃房内，因为玻璃所含的铅等金属元素阻挡了大量的有益光线，应根据多肉的科属品系来选择露养或搭建塑料棚架。

# 肉肉变红需增光控水

经常会有肉友说出状态，所谓的出状态就是说把多肉养出了最佳的状态。养护老手们多年精心养出的出状态的多肉色泽莹润，娇艳欲滴，让人爱不释手，常常在网上晒图迷倒一片。与未出状态之前对比，简直就是公主与灰姑娘的差别！其实，想要养出这么让人艳羡的美肉并不难，关键是要学会控制光照、水分以及适当施肥。

## 充足的光照让多肉颜色更靓丽

曼妙的身姿是人们评判美女的重要条件。就像人一样，多肉要想有好"身材"，一定要保证其不徒长。多肉徒长的首要

适当的强光照可使多肉变红，品相很漂亮。

### 华叔经验谈

1. 多肉出颜色是在外界大温差及过强光照的刺激下产生的"应激组织保护反应"，是一种非常态的表现，所以，尽量不要为了追求多肉"出颜色"去想方设法虐待它。

2. 适当提前施磷肥、钾肥能使多肉长得更好，但施肥前一定要知道体弱植物忌施肥的道理，不要对多肉小苗、弱苗施肥。

原因就是缺乏光照，所以要尽可能长时间地让多肉晒太阳。

此外，光照较强时，多肉会为了应对强光照而变红，运用"红色"这种保护色来保护叶绿素正常进行光合作用，所以多肉品相也会更加漂亮。但是不要为了追求变红而让多肉暴晒，因为晒伤的多肉更会影响品相。

## 控水适肥才能更加美丽

这里所说的控水不是少浇水，而是延长前后两次浇水的间隔期。浇水一次性浇透的原则是不会变的，只是将两次浇水的间隔期拉长了。土壤经常保持稍干燥，再加上长时间的光照，多肉也就很容易出颜色了。

在多肉开花期可提前施磷肥。磷肥能使多肉出颜色，花更美，可以稍稍施一些。钾肥能使多肉耐寒暑、壮根、壮枝条，还能杀菌。所以，要想使多肉出颜色，适当施磷肥和钾肥也是不错的办法。但是一定要注意，植株较弱小的多肉禁止施肥，否则容易死亡。

## 秋天是变红的好季节

秋高气爽，大气浓度减弱，空气能见度大幅度增强，光照强度也随之增强，紫外线强度增长到全年最高峰，因此秋天是多肉变红的最佳季节。

秋天又是生长季，因此要好好抓住秋天这个好时节，让自己的多肉也养出状态！在休眠结束的日子，天气凉爽的情况下，给多肉补水。然后循序渐进加大温差，适当施肥。

秋季是多肉最易
出状态的季节。

# 黑腐

要种多肉，浇水是非常重要的一环，有了一个健康的根系和适宜的生长环境就意味着有了一切。如果浇水不到位，就会出现一系列的病症，比如说黑腐。

多肉养护不当，浇水过多，空气湿度过大，环境不能达到多肉健康生长的要求，就很容易出现黑腐症状。有些虫子（比如粉蚧）也会引起黑腐，尤其是根粉。这些害虫吸食植物汁液时造成的伤口引起多肉真菌感染。土壤介质不透气也会引起黑腐。

## 黑腐了这样做

切掉黑腐部分后，要用多菌灵溶液喷洒，并在通风处晾2~3天后再栽种。

### 消毒很重要

发现了以后要立刻切掉，所使用的工具和人手在前后都要仔细、完全地消毒！以免感染其他植株。

## 怎样预防黑腐？

知道引起黑腐的原因，就要对症下药。

要保证多肉处于通风透气的环境中，保证土壤介质的透气性，避免积水，两次浇水的间隔要等到土壤完全干透。另外，还要防止真菌感染和病菌滋生，定期体检。

1. 壮本。

防止黑腐，其实要先壮本。流感季节，有的人传染上流感，有的人却没有，因为体质不同。同样，要想多肉不生病，最重要的也是壮本。有的多肉从出生就抵抗力差，容易染菌而亡，这也是不可避免的优胜劣汰。另外，小苗比成株生命力弱，更加难养，也容易黑腐。

2. 通风。

黑腐一般发生在夏季。一个原因是它先有伤口，导致外部感染病菌，所以有一个说法叫作"防菌先防虫，防虫先控水"。二是因为土壤湿度过大，空气阴湿，多肉才容易生虫。此时要增加光照，加强通风。其实，通风、土壤干湿交替快是预防黑腐的最有效方法。

3. 杀虫。

防治生虫还可以在土中埋杀虫剂，然后每半个月用多菌灵溶液喷施，喷施时要把植株上上下下都喷洒到，这样才能有效预防病菌。如果多肉不幸染菌，最好隔离这株多肉，以免传染给其他肉肉。如果是很多植株同时染菌，那就需要整体喷药了。

# 烂根

浇水的正确与否还会关系到一个病症的发生，也就是烂根。烂根的发生，一般是因为水肥过多，导致根系腐烂。也有观点认为细菌也是罪魁祸首之一。

## 烂根怎么办

除了染菌，多肉烂根的另一个重要原因就是盆土过于闷湿，要么是花盆大小不合适，要么是浇水过于频繁，还可能是配土中颗粒土比例太小，这些因素进行一一排查后，找出补救措施，以防以后再犯。

但是对于坏掉的根系就一定要翻盆换土，按照前面所讲的修根方法，先将坏根修掉，再于遮阴通风处晾 2~3 天，待伤口晾干愈合后重新栽好即可。

如果多肉根系全部坏掉，一定要尽快将坏根全部砍掉，在遮阴通风处晾 2~3 天，待伤口愈合后可直接进行枝插。

## 如何避免烂根

烂根的原因大部分与浇水有关，关于如何浇水在前文已经说得很多了，对待自己的多肉，一定要既耐心又灵活，不同的环境、不同的品类都要根据实际情况斟酌浇水。控水，通风，加强空气流动，经常松动土壤晒太阳，切记不要让多肉连续雨淋数天。

## 定期防护不偷懒

春、夏、秋要定期对多肉进行喷药防护。防虫的主要药物有护花神、阿维菌素。防菌的药物主要是多菌灵，10~15 天进行喷药防护即可。自然防护就是通风、适当光照、降温。

## 查明原因很重要

烂根的多肉叶片会出现萎蔫、黄叶、掉叶等现象，一定要尽快排查出是什么原因导致的，到底是虫咬，染菌，还是水肥太多。及时处理，不然只会加速多肉的死亡进程。

## 这样做才不会烂根

发现烂根后，及早修根，将健康的部分用多菌灵溶液喷洒。

**多视察，早发现**

多肉染菌一定要及早发现，否则感染到全株那就没办法了。如果你能做到每天都对多肉"视察"一遍，你的多肉基本不会死于意外。

**47**

蚧壳虫尚未大爆发进入土壤时，不必脱盆换土，应喷洒杀虫剂。注意喷药后不能晒太阳。

# 生虫

多肉的养护过程中还有一个天敌，那就是害虫。生虫不仅会导致多肉不健康，还会对多肉的外形美观造成致命影响，因而成了很多玩家的心头大恨。其实控制多肉的病虫害很简单，但是现代的室内生存环境——高温干燥、通风不畅，难免让多肉沾惹上这些讨人厌的小虫子。

## 怎样才能战胜这些天敌？

土壤湿度过大，空气过于干燥时，多肉容易生虫。多肉植物常见的害虫有蚧壳虫、白粉蚧、蚜虫、毛毛虫、软体蜗牛等。

多肉生虫是一种常见的现象，无须惊

### 华叔经验谈

1. 天气暖和起来之后，多肉生虫再正常不过。所以不要看见虫子就惊慌失措，盲目使用杀虫药。尽量不要用化学药品去刺激多肉，影响多肉的正常生长。
2. 杀虫药和灭菌药混用时，要了解它们的酸碱性，如果酸碱中和，就没有药效了。

慌。防止生虫的最好办法就是对于新购买的多肉进行严格的清理、修根、换土（全部换新土）等工作，每一个环节都要重视起来。但是如果多肉不幸真的生虫了，那就必须学会灭虫。

1. 检查

一定要及时检查生虫植株周围的其他多肉是否同样染虫。对生虫的多肉，一定要将其及时隔离。然后，有的虫害在土壤中有虫卵，此时就应将多肉脱盆，再认真检查多肉的叶面、心部及根部。

2. 喷药

将多肉用灭虫药水进行仔细喷洗，确保虫卵也被冲洗干净，晾干。

3. 换土

对于花盆里的老土，可以弃置不用，也可以采取措施彻底灭虫。可以将培养基放在强光下暴晒一段时间，这样土壤里的病菌、虫卵都会被杀死。经过暴晒处理的老土还是可以用来种多肉的。

# 化水

炎热的夏季是多肉生长的高危期，大部分肉友的多肉植物在这时想必都遇到过化水问题，不要担心，本书来教你如何应对。

## 多肉为什么会化水？

化水，顾名思义，就是多肉的叶片、根茎腐烂，透明化，最后消失。多肉化水的常见原因有以下几点：1.高温高湿，尤其是夏季雨水充足时节；2.浇水过于频繁；3.喷药过量，浓度过大；4.施肥不当。

## 这样做，预防化水

关于正确浇水的重要性前文已经说过了，仔细研读前面关于浇水的内容可以发现其关系到多肉生长的方方面面。

还要提醒大家一点，可以在初夏时节天气较为凉爽的时候，给自己的多肉施加一些磷钾肥，能提高抵抗力，迎战夏天。还可以在水里加入少量杀菌剂来改善土壤环境。最后，一定要控水、通风，给予适量光照，这样多肉才不会轻易化水而去。

## 化水了怎么办？

脱盆时最好使用一些专用工具，比如镊子，以免碰伤或碰掉多肉叶片。

**去掉叶片，将多肉脱盆**

若只有部分叶片化水，及时去掉叶片，将多肉脱盆，这个时候还没有感染整个植株，这棵多肉还有救。

喷洒多菌灵溶液要仔细，叶面、叶背、叶腋等都要喷洒。

**喷洒多菌灵溶液**

整个植株用多菌灵溶液喷洒，特别是伤口处，待伤口晾干，弃掉原土，重新栽植即可。

# 100 种适合新手养的多肉

## PART 2

刚开始养肉，是不是被网络上其他玩家晒出来的多样美丽的肉肉迷花了双眼，不知道该挑选哪个好了呢？没关系，本章总结了 100 种适合新手养的多肉，并且配以详细的图文介绍，让你尽可能挑选出和期待颜值符合自家环境的肉肉，还有颜值相似的"朋友"肉作为备选"邻居"哦！新手养难免出差错，但是你根本不用担心，我们总结了常见的新手养护多肉易出现的问题，早发现早处理。

本书会一直陪伴你从新手进阶，到高手行列，耐心点，吃透它，你基本可以自称是多肉行家了！

# 景天科石莲花属

## 紫珍珠

景天科石莲花属

紫珍珠是性价比比较高的一个多肉普货,紫色叶片非常具有观赏性。在春、秋、冬季,叶片呈现美丽的紫罗兰色。夏天高温闷热的环境下紫色会淡去。习性强健,适合露养,喜欢充足光照,光照不足叶片会显得有点绿,不紫。

—— 叶子的边缘是白色的

—— 光照不足时,叶子全是绿色

叶排列成莲座状,卵圆形,叶端有小尖

株高6~10厘米,株幅8~12厘米

| 温度及生长状况 | 光照及浇水 |
| --- | --- |
| 10~18℃萌发期 | 可露养,每日保证10小时的光照时间;春日萌发期浇水要循序渐进,逐渐过渡 |
| 18~28℃生长旺盛期 | 可露养,正常养护即可。每次干透浇透。生长旺盛期需水量大,土壤干75%即可浇水,可用少量缓释肥 |
| <10℃或>33℃休眠期 | 可露养,休眠期要通风、控水;宁干勿湿 |

## 新手养护问题

**徒长**:光照不足、土壤水分过多时徒长,全株呈浅绿色,叶片稀疏间距伸长影响观赏。

**腐烂**:生长季要严格控水,防止底叶和根部腐烂。

**生虫**:易生蚧壳虫,要定期喷药防治,发现及时治疗。

**冻伤**:5℃以下停止生长或轻度冻伤,0℃及以下叶片中的水分冻结,细胞坏死。

**繁殖**:叶插、枝插、"砍头"繁殖成功率高。8~10月生根较快,分株最好在秋天进行。

紫珍珠的
相似品种

## 黛比

叶片不如紫珍珠大，比紫珍珠更偏粉色，更易出状态。它难得一见的紫粉色叶片拥有很高的人气，一年中大部分时间都有紫粉叶。

养护不难，夏季叶片紫色变浅，非夏季可尝试露养，秋冬季粉色会加深。较热或光照不足叶片变成粉蓝色。

## 红粉台阁

属于石莲花里体型比较大的品种，红粉台阁与紫珍珠还是比较好区分的。红粉台阁易出老桩，出状态的时候叶子非常红，全状态甚至是深紫红。

叶尖叶端那条线几乎是平的，即使有弧度也非常小，转弯以后突然一个超大弧度，上半部分非常宽。

整株尺寸可达
10 厘米

喜疏松、排水透气
性良的沙质土壤

叶片扇形扁平，尖端
有小尖

给予充足的光照，叶
子的颜色才会艳丽

### 紫珍珠养护须知

紫珍珠对水分要求不高，生存环境通风良好才不容易滋生害病。冬季置于室内向阳处养护，其生长适宜温度是 18~28℃。

# 黑王子

景天科石莲花属

本身的颜色较深，非常喜欢晒太阳。晒完后颜色会变得更深。在南方夏季有短暂的休眠，北方基本不存在休眠的情况。根系非常大，开花非常壮观，会长出很长的花茎，开出大片的红花。叶片数量多，叶插相当容易，只需要 1 年时间就可以 1 变 50 甚至 100 株。

—— 单株叶片数量可达百余枚

—— 叶色黑紫

—— 叶片稍厚

—— 顶端有小尖

肉质叶排列成标准的莲座状

生长旺盛时其叶盘直径可达 20 厘米

| 温度及生长状况 | 光照及浇水 |
|---|---|
| 10~18℃萌发期 | 可露养，每日保证 10 小时的光照时间；春日萌发期浇水要循序渐进 |
| 18~28℃生长旺盛期 | 可露养，正常养护即可。每次干透浇透。可用少量缓释肥。生长旺盛期需水量大，土壤干 75%即可浇水 |
| <10℃ 或 >33℃ 休眠期 | 可露养，休眠期要通风、控水；宁干勿湿 |

## 新手养护问题

**徒长**：徒长以后，全株呈浅绿色或深绿色，叶片稀疏间距伸长，加速向上生长。

**腐烂**：因植株内水分含量高，在过度潮湿的环境下易腐烂。忌浇水过多，并选用透气性好的陶盆。

**冻伤**：5℃以下时停止生长甚至轻度冻伤，0℃及以下时叶片中的水分冻结，细胞坏死。

**叶插**：生长期间取健康、成熟完整的叶片进行扦插。稍倾斜或平放叶片于蛭石或沙土上。

**枝插**：可用老株旁边萌发的幼株进行扦插。扦插前需将切口晾干，再将下端茎干浅埋入沙土中。

# 旭鹤

景天科石莲花属

叶片在长光照、温差大的春、秋季容易变红。颜色变红后与初恋很像，但叶片比初恋厚很多，更加萌一些。属于夏型种，喜欢阳光充足的环境，但不耐突然暴晒，可以循序渐进地放在光照下。喜温暖干燥和阳光充足的环境，耐旱，耐寒（不要低于-3℃），耐荫，不耐烈日暴晒。

叶匙形，肉质，全缘

叶正面下凹

叶片浓赤色

充足的光照下，叶子会变成紫色，且有血斑

株高 10~15 厘米，株幅 15~25 厘米

| 温度及生长状况 | 光照及浇水 |
|---|---|
| 10~18℃萌发期 | 可露养，每日保证 10 小时的光照时间；春日萌发期浇水要循序渐进，之后适当多浇点水 |
| 18~28℃生长旺盛期 | 可露养，正常养护即可。可用少量缓释肥。抗旱性比较强。生长旺盛期需水量大，土壤干 75%即可浇水 |
| <10℃或 >35℃ 休眠期 | 休眠期要通风、控水，宁干勿湿 |

## 新手养护问题

**徒长**：夏季容易变绿徒长，切忌为了避暑放在不见光的地方。

**配土**：土壤一般选用泥炭、蛭石、珍珠岩各 1 份，再添加适量的骨粉。

**休眠**：夏天只要温度不超过 30℃会照常生长，但温度超过 35℃后长势变慢，就会休眠。

**虫菌**：夏季高温时要注意遮阳、通风、控水，定期喷灌杀菌液防治虫菌。

**繁殖**：大多是采用叶插繁殖，根据经验来看繁殖的成功率很高。

**55**

# 红宝石

景天科石莲花属

大中型园艺品种，非常好养，颜色在春、秋季变得红艳动人，非常美丽，因此很受欢迎。需要阳光充足和凉爽、干燥的环境，在阳光充足之处生长，植株饱满紧凑，叶片非常光滑。冷凉季节生长，夏季高温休眠。夏天叶片基本都会返绿，无法避免，但是到秋、冬季节还是会红回来的。

— 叶片被白粉

— 叶型莲座状

— 前端更肥、斜尖

— 叶片肥厚，细长匙状

红色叶片内凹有明显的波折

| 温度及生长状况 | 光照及浇水 |
|---|---|
| 10~18℃萌发期 | 可露养，每日保证 10 小时的光照时间；春日萌发期浇水要循序渐进 |
| 18~28℃生长旺盛期 | 不能长期雨淋。怕水涝，忌闷热潮湿。每次干透浇透。可用少量缓释肥。生长期可适当地增加浇水频率 |
| <10℃或 >33℃休眠期 | 可露养，休眠期要通风、控水。宁干勿湿。整个冬季基本断水，5℃以下就要开始慢慢断水 |

## 新手养护问题

**徒长**：红宝石徒长后叶片变绿，株形松散，此时需要控水，增加光照。

**冻伤**：室内耐 -4℃低温，温度再低叶顶生长点就会出现冻伤，干枯死亡。

**光照**：若光照不足会使植株叶片徒长，叶片颜色也会变成绿色；突然接受强光会晒伤，留下晒斑。

**繁殖**：一般是"砍头"扦插和叶插，砍下来的植株可以直接扦插在干的颗粒土中。

**叶插**：取完整饱满的叶子，放在阴凉微湿的土表，伤口不接触土壤，会慢慢长根发芽。

红宝石的
相似品种

## 小红衣

为景天科拟石莲花属
多肉，叶片扁平细长，有明
显的半透明边缘，叶尖两侧
有突出的薄翼。强光下，半
透明边会出现漂亮的红色。
小红衣生长速度不太快，容
易群生，繁殖方法有播种、
分株和砍头。

## 原始卡罗拉

原始卡罗拉是巨型多肉，叶片宽短，
叶表有一层淡淡的白粉，紧密排列成莲
座状。在光照充足、温差较大的春、秋季，
如果加以控制，就能出现非常艳丽的状
态，即叶片可以全部变红，叶尖还有红
色的晕纹，就像红色的油彩在纸上晕开
了一样。

阳光充足叶片紧凑聚拢

叶片厚实，有漂亮的
红褐色花纹

叶片莲座状密集排列
底座粗壮

叶片广卵形至散三角
卵形

### 红宝石养护须知

非常好养。通过控水、光照及
昼夜温差，可以让红宝石的叶色更
红，更加美丽。

# 狂野男爵

景天科石莲花属

狂野男爵植株的茎部较粗壮，随着生长而逐渐伸长、长高。叶片长圆形，叶片有点波浪状，植株的叶面大面积凸起不规则疣凸，叶色为浅绿至紫红，新叶色浅、老叶色深。强光与昼夜温差大或冬季低温期叶色绿至紫红，叶尖和叶缘轻微发红，老叶和叶片的疣凸会紫红；弱光则叶色浅绿，叶片变的窄且长，也会非常薄。

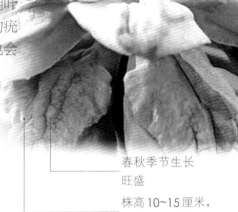

肉质叶排列成标准的莲座状

叶匙形，宽厚

叶面上常长出不同形状的疣凸

春秋季节生长旺盛

株高 10~15 厘米，株幅 15~20 厘米

| 温度及生长状况 | 光照及浇水 |
| --- | --- |
| 10~18℃萌发期 | 可露养，每日保证 10 小时的光照时间；<br>春日萌发期浇水要循序渐进 |
| 18~28℃生长旺盛期 | 可露养，正常养护即可。每次干透浇透。生长期每周浇水 1 次；<br>空气干燥时可向植株周围洒水，增加空气湿度 |
| <10℃或 >33℃休眠期 | 可露养，休眠期要通风、控水；<br>宁干勿湿。冬季每月浇 1 次水，保持盆土干燥 |

## 新手养护问题

**病害：** 常见病虫害有根结线虫、锈病。一旦发现虫害及时刮除，严重时用药剂喷杀。

**腐烂：** 不要向叶面及叶心浇水，否则叶片极易腐烂，影响植株生长。

**扦插：** 春季剪取成熟的叶片，将其插于沙床中，3 周后即可生根，待长出幼株后即可上盆。

**换盆：** 每年春季进行换盆。盆土选用泥炭和粗沙的混合土，加入少量的骨粉或有机肥。

**分株：** 2~3 年生的母株基部萌发许多子株，此时可将植株在春季进行分株繁殖。

阳光充足叶片紧凑聚拢

叶片厚实，有漂亮的
红褐色花纹

狂野男爵
的相似品种

## 丸叶红司

原产墨西哥的多年生多肉，本种形态独特，多有明显的紫红色条纹或者叶瘤。该种叶片莲座型排列，株幅能达10厘米。叶片匙形或长卵形，叶背中央、叶缘或叶面有深红色斑纹是其最大特征。图片中的丸叶红司有突出的瘤状突起，是该种的一个变种。

## 晚霞

为景天科拟石莲花属多肉，属于多肉植物中的包叶系列。晚霞的叶片紧密环形排列，棱角分明。页面光滑，表面覆盖淡淡的白粉，叶尖到叶心能看到轻微的折痕，叶缘非常薄，有点像刀口，微微向叶面翻转，叶缘会变红。

叶片莲座状密集排列
底座粗壮

叶片广卵形至散三角
卵形

### 狂野男爵养护须知

整体来说较好养护，要注意给足光照和水分，光照不足或水分过多，疣状物会变得不明显。

**59**

# 静夜

景天科石莲花属

非常适合新手入门，颜值高，耐养易活。株形紧凑，色泽盈润，肉质叶浅绿色如宝石一般，外形精致美观。耐干旱，怕积水，喜阳光充足，凉爽干燥的环境，耐0℃低温。花钟状黄色。很容易萌发侧芽，春秋季翻盆，取老株旁小株，带根上盆栽后即可成活。叶插也很容易生根长出幼芽。

—— 叶片浅绿色

—— 叶片倒卵形或楔形

—— 光照充分的时候，叶尖会变红

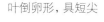

叶倒卵形，具短尖

—— 叶片具少许白霜

| 温度及生长状况 | 光照及浇水 |
|---|---|
| 10~18℃萌发期 | 可露养，每日保证10小时的光照时间；春日萌发期浇水要循序渐进 |
| 18~28℃生长旺盛期 | 可露养，避免淋雨。每次干透浇透。土壤干75%即可浇水；干燥时可向其周围洒水，但叶面叶丛中心不宜积水 |
| <10℃或>33℃休眠期 | 可露养，炎夏中午遮半阴。夏季高温时休眠，应减少浇水。宁干勿湿 |

## 新手养护问题

**徒长:** 缺少光线会徒长得很难看，茎拔高生长，叶片松散。所以，要尽量给一些光照。

**多头:** 静夜就是喜欢"爆头"，也是营养充足的表现，多晒太阳会越来越漂亮的。

**化水:** 叶子化水后，要及时摘掉。静夜对药物比较敏感，最好不要误喷到叶片。

**老桩:** 如果杆木质化，说明成老桩了。但是如果发黑，也有可能是腐黑了。

**繁殖:** 静夜叶插较容易，但是叶插苗长出后，养护时间较长，很容易在这期间死掉。

# 玉蝶

景天科石莲花属

高颜值且生长迅速。外形如蓝色莲花，常常因此得新手青睐。光照不同颜色由浅绿到蓝绿，叶缘在充足光照时泛红。频繁变动养护环境，易出现新老叶子大小不一。夏季开花，花瓣前段呈红色，花冠淡黄色，非常小清新。可枝插或叶插繁殖。

叶缘在充足的光照下会泛红

叶面略有白粉

叶片短圆润，短匙形

株高可达 60 厘米

先端圆有小尖

| 温度及生长状况 | 光照及浇水 |
|---|---|
| 10~18℃萌发期 | 可露养，每日保证 10 小时的光照时间；春日萌发期浇水要循序渐进 |
| 18~28℃生长旺盛期 | 可露养，避免淋雨。生长速度快，需水量较多，干透浇透；空气干燥向植株周围洒水，但叶面叶丛中心不宜积水 |
| <10℃或 >33℃休眠期 | 可露养，炎夏中午遮半阴。宁干勿湿。夏季高温时有短暂休眠迹象，此时应控水，保持盆土干燥 |

## 新手养护问题

**徒长**：肥水宜淡不宜浓，以免因肥水过量引起植株徒长，影响美观。

**多头**：喜欢"爆头"，也是营养充足的表现，多晒太阳吧，会越来越漂亮的。

**换盆**：每年春季都要换盆，盆土要求疏松肥沃、具有良好的排水透气性，并含有适量的钙质。

**老桩**：下部叶片易老化褪去，生侧芽形成多头老桩。

**繁殖**：可结合春季换盆进行分株，也可在生长季节剪取旁生的小莲座叶丛进行扦插。

**61**

# 大和锦

景天科石莲花属

上世纪末属于稀缺品种的大和锦现在已经很普遍了。叶片肥厚敦实，倒卵形，先端急尖。叶色为灰白至灰绿色，叶表面有一层淡淡的白粉，叶尖在阳光下会出现轻微的粉红色。光照越充足越容易变红，但不可突然暴晒。相对于景天科其他品种来说比较容易控制徒长。

叶片上有红色细点

株高可达 8~12 厘米

喜疏松、排水透气性良好的沙质土壤

昼夜温差越大，
色彩越鲜艳

叶片上有褐色
的斑纹

| 温度及生长状况 | 光照及浇水 |
| --- | --- |
| 10~18℃萌发期 | 可露养，每日保证 10 小时的光照时间；春日萌发期浇水要循序渐进，盆土保持湿润，不能积水 |
| 18~28℃生长旺盛期 | 可露养，正常养护即可。每次干透浇透。生长期给予充足水分可以生长健壮。土壤干 75%即可浇水。切记不要让土壤一直处于湿润状态，避免淋雨 |
| <10℃或 >33℃休眠期 | 炎夏中午遮半阴。宁干勿湿。高温时植株长势较弱，节制浇水，冬季保持干燥 |

## 新手养护问题

**徒长**：光照不足或土壤水肥过多时徒长，叶片稀疏，间距伸长，加速向上生长，甚至可能会死亡。

**化水**：刚买回家的大和锦缓苗期易化水，及时清理，并且避免后期引起真菌感染。

**选盆**：大和锦在过湿的环境下容易腐烂，切忌浇水过多。最好选用底部带排水孔的红陶盆。

**老桩**：大和锦一般不容易徒长，被称为不徒之肉，养成老桩非常美好。

**繁殖**：叶片扦插非常有趣，可以全程观察叶片出芽过程，但是生长速度过慢。

大和锦的
相似品种

## 小和锦

想要区别大和锦和小和锦，只有把两种植物放在一起对比才好分别。如果处于不同的养护环境，对比起来比较困难。

小和锦植株和叶片都比大合锦小，小和锦的叶片比大和锦的密集很多。

## 魅惑之宵

是东云系中比较热门的品种之一。

叶片比大和锦细长，伸展度也要大。叶广卵形至散三角卵形，叶面光滑不易积水，昼夜温差大的情况下给足光照，叶缘至叶尖变艳红。多年群生后植株会非常壮观。

阳光充足叶片紧凑聚拢

叶片厚实，有漂亮的红褐色花纹

叶片莲座状密集排列
底座粗壮

叶片广卵形至散三角卵形

### 大和锦养护须知

比较好养，能忍受持续干旱，浇水比较随意。不要为了出彩而暴晒，夏季高温时要放置于半阴环境养护。

# 卡罗拉

景天科石莲花属

是大型的石莲花品种，成株直径可以到15厘米。叶片大而厚，排列成莲座状，蓝绿色，被白霜，先端有一小尖。外形上与吉娃莲有几分相似，叶型有棱有角，叶缘泛红非常明显，有红尖。颜色变红后与初恋很像，但叶片比初恋厚很多，更萌一些。

夏季高温时休眠

叶片宽匙形

株高8~10厘米，株幅12~15厘米

与吉娃莲相比，叶片较宽

叶缘泛红，有红尖

| 温度及生长状况 | 光照及浇水 |
|---|---|
| 10~18℃萌发期 | 可露养，每日保证10小时的光照时间；春日萌发期浇水要循序渐进，盆土保持湿润，不能积水 |
| 18~28℃生长旺盛期 | 可露养，正常养护即可。每次干透浇透。生长速度快，需水量较多。土壤干75%即可浇水；空气干燥时可向植株周围洒水，避免淋雨 |
| <10℃或>33℃休眠期 | 炎夏中午遮半阴。夏季高温时植株停止生长，要节制浇水，宁干勿湿。冬季保持干燥 |

## 新手养护问题

**徒长：**光照不足容易导致徒长，株形松散，枝叶拉长，影响美观。应给予充足的光照。

**开花：**卡罗拉抽出花剑后，不妨试试授粉，自己动手结子、播种，更有乐趣。

**休眠：**夏季高温时短暂休眠，应养护于通风遮阴处。

**老桩：**枝干老化变粗壮则形成老桩，成桩后要更加珍惜养护。

**繁殖：**不太容易长侧芽，因此，可以利用"砍头"繁殖或者播种繁殖。

卡罗拉的
相似品种

## 吉娃莲

吉娃莲与卡罗拉外形极为相似，但是吉娃莲的叶片更小，更窄，更薄，并且叶子顶端有个坚硬的短尖，叶尖红，只是叶缘淡淡泛红，但是卡罗拉的叶缘上半部分可以非常红。

叶片[...]

## 摩氏石莲花

原产墨西哥。叶面灰绿色，布满红褐色细茸点。全缘，先端急尖。总状花序，花小，红色，上部黄色。生长期以干燥为宜，空气干燥时可喷雾。浇水时切忌浇向叶面。

卵形叶较厚，带小尖

阳光充足叶片紧凑聚拢

蓝绿色被浓厚的白粉

株高 5~10 厘米，株幅10~15 厘米

叶片呈莲座状

### 卡罗拉购买须知

建议新手购买卡罗拉还是要挑选特性明显的植株，否则很容易选错。淘宝购买要一图对应一株。有很多无良商家用吉娃莲代替卡罗拉出售，价格相差几倍，购买时一定要擦亮眼睛。

# 鲁氏石莲

景天科石莲花属

非常好养的中小型品种，四季中除了夏季其他季节都可以全光照。叶蓝粉或白粉色，叶面上覆有微白粉，有白玉般的质感。不同季节颜色不同。春秋温差大，总体黄灰偏粉。夏季休眠时白色偏蓝灰。强光与昼夜温差大时叶缘会轻微粉红。充足光照会使叶片饱满株形紧凑。

夏季高温时休眠

有叶尖

叶色蓝粉或白粉

叶片比较厚，晒不红

叶缘光滑无褶皱

| 温度及生长状况 | 光照及浇水 |
| --- | --- |
| 10~18℃萌发期 | 可露养，每日保证10小时的光照时间；春日萌发期浇水要循序渐进，逐渐过渡 |
| 18~28℃生长旺盛期 | 可露养，生长速度快，需水量较多。叶插时要经常喷水保持较大空气湿度，切忌暴晒。每次干透浇透。避免淋雨 |
| <10℃或>33℃休眠期 | 炎夏中午遮半阴。一旦温度高于30℃就要慢慢断水，整个休眠期少水或不给水，宁干勿湿。冬季断水 |

## 新手养护问题

**配土**：以透气为主。将泥炭混合颗粒的河沙。

**徒长**：鲁氏石莲徒长以后，叶片变长，株形松散，这时候得控水、增加光照。

**浇水**：中心积水容易烂心，浇水切记不要浇到心上。

**老桩**：养护不难，随着时间的生长会慢慢群生，形成老桩，新手可考虑入手。

**繁殖**：繁殖可用叶插法，简单易操作。枝插法也是不错的选择。

鲁氏石莲的相似品种

# 丽娜莲

丽娜莲和鲁氏石莲长得很像，都是小型的石莲花，都很容易群生。不过，丽娜莲如果在春秋季处于阳光充足的环境，再加上温差较大，叶片易变成粉红色，颜色比鲁氏石莲更艳丽。对光照的需求比鲁氏石莲少一些。叶插繁殖时，比鲁氏石莲更加容易。

# 露娜莲

为丽娜莲和静夜的杂交品种。叶片卵圆形，先端带有小尖，被浅粉色晕。浅灰色的叶子时而呈现蓝色、绿色，时而呈现粉紫色，且色彩层次分明，十分美丽。花为淡红色，非常漂亮。

叶顶端有小尖

阳光充足叶片紧凑聚拢

叶面中间向内凹带有浅粉色

株高 5~7 厘米，株幅 8~10 厘米

叶片卵圆形，被浅粉色晕

## 鲁氏石莲养护须知

浇水时要避开叶片中心，否则白粉容易消失，而且中心积水容易烂心。

# 初恋

景天科石莲花属

叶面覆有薄薄的白粉,气质端庄典雅。生长期摆放在阳光充足且通风处,这样叶片容易变红,同时还能减少蚧壳虫危害。光照不足时叶片中心青绿色,充足时通体粉红色。夏季温度过高时,基部叶片干枯萎缩,属于正常的新陈代谢现象。

—— 莲座松散

—— 叶面覆有薄白粉

—— 叶匙形,相对较薄

| 温度及生长状况 | 光照及浇水 |
|---|---|
| 10~18℃萌发期 | 可露养,每日保证10小时的光照时间;春日萌发期浇水要循序渐进 |
| 18~28℃生长旺盛期 | 可露养,抗旱性比较强,避免淋雨。每次干透浇透;土壤干75%即可浇水。空气干燥时可向植株周围洒水,但叶面叶丛中心不宜积水 |
| <10℃或>33℃休眠期 | 可露养,夏季高温时休眠,应减少浇水,遮阴处理;休眠期要通风、控水。宁干勿湿 |

株幅直径可达10~25厘米

—— 叶片肥厚

## 新手养护问题

**蚧壳虫**:生长期摆放在阳光充足和通风处,能减少蚧壳虫的危害。

**浇水**:原生长地是高海拔岩石区,故不耐积水,特别是叶丛中心不宜积水。

**开花**:初恋开花需要很多养分,建议将花剪掉。

**繁殖**:叶插、种子繁殖都很容易成活,一般多用叶插繁殖。

**老桩**:叶片粉嫩,但是比较薄,容易生出侧芽,形成桩形。

# 白凤

景天科石莲花属

中大型品种，叶片上有白粉，较扁，生长状态下呈蓝绿色。可全光照，光照时间增多后会由绿色变为红色。在温差较大的季节，叶片边缘会变红色，惹人喜爱。生长缓慢，所以一定要控制浇水次数，并将其放在光照充足的地方。

—— 叶缘有红细边

—— 叶色翠绿

—— 叶片尖端有红色的叶尖

全株覆满白粉

株幅能长至 20 厘米

| 温度及生长状况 | 光照及浇水 |
|---|---|
| 10~18℃萌发期 | 可露养，每日保证 10 小时的光照时间；春日萌发期浇水要循序渐进 |
| 18~28℃生长旺盛期 | 可露养，避免淋雨。土壤干 75%即可浇水。生长期盆土不宜过湿，每次干透浇透。空气干燥时向花盆周围喷雾，不要向叶面喷水 |
| <10℃或 >33℃休眠期 | 可露养，炎夏中午遮半阴。夏季高温时休眠，应减少浇水。冬季温度过低时要严格控水，天气转暖时可以趁机补一次水，宁干勿湿 |

## 新手养护问题

**徒长**：若浇水过多或在荫蔽处时间过长会徒长，叶片拉长，株形变丑。

**腐烂**：水洒在叶片上会冲掉叶片上的白粉，若碰到不通透的环境，也容易烂心。

**开花**：开花后，要将花茎剪除以免占用养分。

**繁殖**："砍头"扦插的方式最容易存活，会长出小侧芽。

**防虫**：白凤生虫后，一般用阿维菌素治疗。

# 特玉莲

景天科石莲花属

中小型品种，叶尖中部向上皱起，自上而下看呈心形，非常特别。边缘会因光照呈淡粉色。阳光充足的时候叶片常年覆盖白粉，弱光则叶色浅蓝，白粉稀少，叶片变的窄且长，也会变薄。可每年早春换盆 1 次，可剪掉老根、枯根和过长的须根。

叶缘向下反卷，先端有一小尖

叶边缘淡粉色

叶排列成莲座状

叶片匙形

叶似船形

| 温度及生长状况 | 光照及浇水 |
|---|---|
| 10~18℃萌发期 | 可露养，每日保证 10 小时的光照时间；春日萌发期浇水要循序渐进 |
| 18~28℃生长旺盛期 | 可露养，避免淋雨。每次干透浇透。土壤干 75% 即可浇水。空气干燥时可向植株周围洒水 |
| <10℃ 或 >33℃休眠期 | 可露养，炎夏中午遮半阴。夏季高温时休眠，休眠期一定要严格控水。宁干勿湿 |

## 新手养护问题

**老桩**：叶型独特，向叶心凹陷，像一个汤匙，养成老桩很大气。

**缀化**：特玉莲缀化比较常见，是极易缀化的品种。

**腐烂**：在过度潮湿的环境下很容易腐烂，为避免根部水分淤积，可用透气性良好的红陶盆。

**休眠**：夏冬两季气温过高或过低时植株停止生长，此时应暂时减少或停止浇水。

**繁殖**：常用叶插、枝插法繁殖。

# 花月夜

景天科石莲花属

中小型品种。植株叶片莲座状密集排列。小时候比较漂亮，叶片短，大了叶片就难控制了，容易长的长长的。强光照、冬季低温或春、秋季温差较大时叶色会变深，叶缘会变红。光照充足时叶色艳丽，株形更紧实美观。春、秋叶片边缘变成红色，惹人喜爱。

— 叶缘有红细边

— 叶丛呈莲座状

— 表面覆盖一层白粉

叶片先端有红色的叶尖

株高可达 10~15 厘米

| 温度及生长状况 | 光照及浇水 |
| --- | --- |
| 10~18℃萌发期 | 可露养，每日保证 10 小时的光照时间。春日萌发期浇水要循序渐进。冬季生长期需保持土壤湿润，避免积水 |
| 18~28℃生长旺盛期 | 可露养，避免淋雨。每次干透浇透。土壤干 75%即可浇水。空气干燥时可向植株周围洒水，但叶面叶丛中心不宜积水 |
| <10℃或 >33℃休眠期 | 可露养，炎夏中午遮半阴。夏季高温时要严格控水；低于 0℃时需断水。宁干勿湿 |

## 新手养护问题

**徒长**:光照不足会使植株叶片徒长，叶片拉长松散，叶缘红色也慢慢黯淡。

**腐烂**:切记不要长久淋雨，否则易造成植株根部腐烂。

**群生**:多年群生后，植株非常壮观。

**休眠**:夏季高温时生长缓慢或停止生长，这时需要通风良好且适当遮阴，避免暴晒。

**叶插**:选择饱满、生长状态良好的叶片，直接扦插在干的颗粒土中，在阴凉通风处晾两天。

# 姬莲

景天科石莲花属

一种微型的多肉，别名"迷你石莲花"。叶片卵圆形，带有小尖，叶尖和尖部边缘都是玫瑰红色，开的花也为红色。非常容易爆盆。光照充足、冬季气温低或者春、秋季温差较大时，叶尖和叶缘会变成鲜艳的红色。

冬天的时候颜色会变红

叶片带有白霜

植株小巧精致，非常容易长侧芽

小叶片组成密集的玫瑰花环状

| 温度及生长状况 | 光照及浇水 |
|---|---|
| 10~18℃萌发期 | 可露养，每日保证 10 小时的光照时间；春日萌发期浇水要循序渐进 |
| 18~28℃生长旺盛期 | 可露养，避免淋雨。每次干透浇透。土壤干 75% 即可浇水。空气干燥时可向植株周围洒水，但叶面叶丛中心不宜积水 |
| <5℃或 >35℃休眠期 | 冬季种植在室内阳光充足的地方，维持 10℃ 左右并且有昼夜温差，则可适度浇水。夏季高温时休眠，应减少浇水，中午遮半阴 |

## 新手养护问题

**爆盆**：姬莲非常容易爆盆，叶色多变，粉蓝乃至粉橙色，楚楚动人。

**命名**：姬莲 *Echeveria minima*，原产于墨西哥，minima 翻译过来就是极小的意思。

**休眠**：夏季超 35℃ 浅休眠，冬季低于 5℃ 深休眠。

**叶插**：只需将生长良好的叶片在阴凉通风处晾两天后放在微潮湿土壤上，10 天即可生根。

**分株**：分株繁殖，将株旁小苗掰下栽入盆中即可。

姬莲的
相似品种

## 老版小红衣

老版小红衣叶片先端
为平的或者呈微弧形，叶尖
长且尖，就像蜜蜂的尾刺。
而姬莲的叶片是心形的，叶
尖比较短。

阳光充足叶片紧凑聚拢

叶片厚实，有漂亮的
红褐色花纹

## 蓝姬莲

也叫若桃，为姬莲和皮氏石莲的杂
交品种，继承了姬莲的叶形，但是体型
更像皮氏石莲。皮氏石莲的血统使得其
叶插难易程度较姬莲有所下降。

叶片莲座状密集排列
底座粗壮

叶片广卵形至散三角
卵形

### 姬莲养护须知

生长期为秋季至晚春，宜给予
充足的光照，并保持盆土处于微湿
状态。

**73**

# 蓝鸟

景天科石莲花属

蓝鸟是"高冷美人"广寒宫和大普货皮氏石莲的栽培品种。叶片宽匙形，莲座状，美丽厚实的蓝白色叶子配上带霜的质感，先端有一红色小尖，整体感觉洁净无瑕，纯净唯美，房获了不少肉友的心。喜明亮光照，夏季遇强光时适当遮阴。生长季节可以全光照。

——叶缘呈粉红色

——叶片色泽偏淡蓝色

——株高 5~8 厘米，株幅 8~10 厘米

| 温度及生长状况 | 光照及浇水 |
|---|---|
| 10~18℃萌发期 | 可露养，每日保证 10 小时的光照时间；春日萌发期浇水要循序渐进，防止盆土积水 |
| 18~28℃生长旺盛期 | 可露养，夏季避免淋雨。土壤干 75%即可浇水；生长期盆土不宜过湿，每次干透浇透；叶面粉末较多，浇水时应避免叶面沾到水分 |
| <10℃或 >33℃休眠期 | 可露养，炎夏中午遮半荫。夏季高温时休眠，应减少浇水。冬季保持盆土基本干燥 |

叶片有厚厚一层白色粉末

整体感觉洁净无瑕，特别唯美

## 新手养护问题

**土壤**：盆土最好选择疏松、排水透气性良好的土壤。

**腐烂**：生长季喷涂不能过湿，夏季避免长时间淋雨。易引起黑腐化水。

**光照**：蓝鸟需要接受充足光照叶色才会艳丽，株形才会更紧实美观，叶片才会肥厚。

**繁殖**：繁殖方式以叶插、播种为主，成功率高。

**生长**：蓝鸟多肉有一个特征就是缺光照时，下部叶片会往土里长。因此要给予充足光照。

# 月影

景天科石莲花属

半木质茎，生长速度一般，不容易长高。叶缘半透明，看起来像白边，叶片常年青蓝色，叶面光滑有微白粉，植株衬托叶片上的白粉，特别可爱。小苗不爱长侧芽，成株开花大量萌发侧芽，群生非常漂亮。可全光照处理。夏冬季开花。

叶片多，卵形

叶长 3~6 厘米，肥厚多汁

无茎

叶片排列成莲座状

株高 5 厘米，株幅 20~25 厘米

| 温度及生长状况 | 光照及浇水 |
| --- | --- |
| 10~18℃萌发期 | 可露养，每日保证 10 小时的光照时间；春日萌发期浇水要循序渐进 |
| 18~28℃生长旺盛期 | 可露养，避免淋雨。每次干透浇透。土壤干 75% 即可浇水。空气干燥时可向植株周围洒水，但叶面叶丛中心不宜积水 |
| <10℃或 >33℃休眠期 | 炎夏中午遮半阴，避免雨淋。盛夏高温时也不宜多浇水，可少量喷水，切忌阵雨冲淋。宁干勿湿 |

## 新手养护问题

**爆盆**：月影非常容易爆盆，爆盆后楚楚可爱，是新手养多肉的首选品种。

**腐烂**：冬季低温情况下，浇水过多容易腐烂变成无根植株。

**换盆**：每年早春时节要换盆，清理干枯的老叶，换新的泥炭土或腐叶土加粗沙。

**施肥**：生长期施肥会使叶片保持青翠碧绿，但肥料不可玷污叶片，也不可施用过多。

**花剑**：如果是刚买来的月影，还在缓苗期，建议剪掉花剑，以免吸收更多的养分。

# 女雏

景天科石莲花属

好养易栽种，适应性强。体型迷你娇小，宛如楚楚动人的小姑娘。生长速度快，适合小型组合盆栽。喜通风环境，叶子在秋冬期处于阳光充足的环境，再加上温差较大的时候，会呈现绮丽的粉红色，放置在干燥地方的话，颜色会更加鲜艳美丽。

前端尖

向内包，呈莲座状

叶片肥厚长勺形，红边

株高 8~10 厘米，株幅 10~15 厘米

叶上覆微白粉，白粉掉落呈光滑状

新叶色浅、老叶色深

| 温度及生长状况 | 光照及浇水 |
|---|---|
| 10~18℃萌发期 | 可露养，每日保证 10 小时的光照时间；春日萌发期浇水要循序渐进 |
| 18~25℃生长旺盛期 | 可露养，避免淋雨。干透浇透。生长季可以给予足够的水分。空气干燥时可向植株周围洒水，浇水时注意避免叶心积水 |
| <5℃或 >33℃休眠期 | 可露养，炎夏中午遮半阴。夏季高温时停止生长，控制浇水。冬季要保持盆土稍干燥。宁干勿湿 |

## 新手养护问题

**换盆**：每 2~3 年换盆 1 次，换盆后恢复较慢，生长期控制浇水量，以干燥为好。

**配土**：可选择透气排水性良好的土壤，如泥炭土、颗粒土以 1:1 的比例配置。

**光照**：接受充足光照株形才会紧凑，叶片红边更明显，可尝试全光照养护，盛夏适当遮阴。

**越冬**：生长适温 15~25℃，冬季不低于 5℃，0℃以上可以给水，0℃以下要断水，否则就容易冻伤。

**繁殖**：易群生，一般可分株、扦插和播种繁殖，全年都可以进行。

# 星影

景天科石莲花属

中小型品种，有小小的半木质茎，不容易长高，生长速度也一般。叶片常年嫩绿色，叶面微凹光滑有微白粉，叶片微向叶心合拢。春天和秋天是星影的生长期，喜阳光充足、凉爽干燥的环境，要有一定的昼夜温差，可以全光照。

株高 5~10 厘米，株幅 8~12 厘米

叶缘半透明

—— 叶片紧密环形排列

—— 叶背有轻微棱

—— 叶片匙形，有小叶尖

| 温度及生长状况 | 光照及浇水 |
|---|---|
| 10~18℃萌发期 | 可露养，每日保证 10 小时的光照时间；春日萌发期浇水要循序渐进 |
| 18~28℃生长旺盛期 | 可露养，避免淋雨。干透浇透。土壤干 75%即可浇水；干燥时可向植株周围洒水，但叶面叶丛中心不宜积水 |
| <3℃或 >33℃休眠期 | 可露养，炎夏中午遮半荫。宁干勿湿。夏季节制浇水，傍晚或晚上微量给少量水在盆边，尽量不要淋到叶心；冬天温度低于 3℃就要逐渐断水 |

## 新手养护问题

**缓苗**：刚买回的星影需放阴凉通风的地方缓苗 3~7 天。

**配土**：盆土要求疏松透气，具有一定的颗粒性，并含有少量的有机质。

**浇水**：浇水时尽量不要淋到叶心。

**休眠**：夏季高温时休眠，生长停滞，要置于通风良好的半阴处度夏，空气流通有利于防止病虫害。

**繁殖**：繁殖方法有播种、分株、"砍头"和叶插。

# 雪莲

景天科石莲花属

繁殖力强，也不难养，但是价格贵。灰绿色叶表覆盖着一层浅蓝色或白色霜粉，在阳光充足的环境下会呈现浅紫色。夏季光照过强时需要适当遮阴，入秋后可以全光照。生长温度5~25℃。夏季半阴养护，适当遮阳，利用散射光。春秋冬可以全光照。

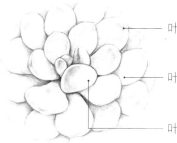

—— 叶片倒卵形

—— 叶宽大肥厚

—— 叶片平坦或稍凹

淡紫色

布满白粉

| 温度及生长状况 | 光照及浇水 |
| --- | --- |
| 10~18℃萌发期 | 可露养，每日保证10小时的光照时间；春日萌发期浇水要循序渐进 |
| 18~28℃生长旺盛期 | 可露养，避免淋雨。浇水不要浇到叶片上，干透浇透；空气干燥时向花盆周围喷雾，不要向叶面喷水 |
| <10℃或>33℃休眠期 | 可露养，炎夏中午遮半阴。夏季高温停止生长，控制浇水。冬天严格控水，天气转暖可趁机补一次水 |

## 新手养护问题

**露养**：叶上有粉霜，不适合露养，因为不能暴晒及雨淋。不要向叶面喷水，更不能用手摸叶面。

**休眠**：夏天温度超过25℃开始半休眠。冬季温度低于5℃休眠。

**介质**：泥炭：珍珠岩：浮石以比例15：1：3混合。也可以用腐叶土、珍珠岩、煤渣来代替。

**开花**：未开花的花冠近似圆锥体，开放后通常呈5裂。

**播种**：可以春秋来播。土壤保持稍湿润，置于通风环境下。

# 霜之朝

景天科石莲花属

霜之朝为石莲花属的栽培品种，由星美人和广寒宫杂交而来。肉质叶片长卵圆形，灰绿色，表面覆盖着一层薄薄的白粉，叶丛呈莲座状排列。春、秋季是霜之朝的生长旺季，充足的日照能使它从叶尖开始变红。钟形花朵，外部粉红色，内部为橙黄色，串状排列着。

花朵星状，深红色

叶片先端有小尖

株高 5~7 厘米，株幅 10~15 厘米

叶片卵圆形，多为灰色

叶丛呈莲座状排列

| 温度及生长状况 | 光照及浇水 |
|---|---|
| 10~18℃萌发期 | 可露养，每日保证 10 小时的光照时间；春日萌发期浇水要循序渐进。土壤保持干燥 |
| 18~28℃生长旺盛期 | 可露养，对水分需求较少，盆栽需排水良好。每次干透浇透。生长旺盛期需水量大，土壤干 75%即可浇水 |
| <10℃或 >33℃休眠期 | 可露养，光照充足，光照特别强的时候可短暂遮阴；夏季阴天闷湿环境下定期喷洒多菌灵溶液，上上下下的叶面都要喷洒到，喷药后不要光照 |

## 新手养护问题

**徒长**：长期放在荫蔽处则容易徒长，导致株形松散，叶片稀疏，难以开花。

**土壤**：喜欢疏松、排水透气性良好的土壤。

**休眠**：夏季休眠期很短，严格控水，注意通风。

**施肥**：不喜大肥，生长旺盛期可适量施肥。

**繁殖**：繁殖方法有"砍头"和叶插。繁殖成活率高。

# 蓝石莲

景天科石莲花属

为中大型品种，植株有矮小的茎。匙形叶片，叶缘光滑无褶皱，有叶尖。叶片有微量白粉，全年大部分时间叶片为蓝白色。强光与昼夜温差大或冬季低温期，叶片会轻微粉红。喜欢光照充足、空气自然流通的地方。夏季需要适当遮阴。

——叶片相对比较薄

——新叶色浅、老叶色深

叶片莲座状密集排列

冬季休眠期叶片会轻微粉红

| 温度及生长状况 | 光照及浇水 |
|---|---|
| 10~18℃萌发期 | 可露养，每日保证 10 小时的光照时间；春日萌发期浇水要循序渐进 |
| 18~28℃生长旺盛期 | 可露养，避免淋雨。生长季节可以稍增加浇水频率，浇水要见干见湿。空气干燥时可向植株周围洒水，但叶面叶丛中心不宜积水 |
| <10℃或 >33℃休眠期 | 可露养，炎夏中午遮半阴。宁干勿湿。0℃以下要断水，适当的时候可给点水在植株的根部，勿喷雾或给大水 |

## 新手养护问题

**徒长**：夏季容易徒长，叶片拉长变"大饼"。

**腐烂**：闷湿环境下还容易染菌化水。

**冻伤**：冬季如果温度能够保持0℃以上，都是可以给水的，0℃以下就要断水，否则容易冻伤。

**繁殖**：叶插、枝插、"砍头"都可以繁殖，但是叶插最简单，也比较容易成功。

**老桩**：植株有粗壮短小的茎，养的时间久了慢慢逐渐伸长形成老桩。

### 蓝石莲的相似品种

### 蓝鸟

蓝石莲叶片更圆更薄一些，而蓝鸟的叶片呈长卵圆形，较蓝石莲更厚，排列也较为松散。

出状态的蓝鸟叶尖红的更为明显，花座状株形挺拔厚实。

叶缘呈粉红色

株高 5~8 厘米，株幅 8~10 厘米

叶片有厚厚一层白色粉末

### 蓝苹果

蓝苹果多肉叶片排列更为松散，叶片更加长窄，蓝色并没有那么明显。只看叶片就能很容易与前两者区分开来。叶片匙形，叶片顶端没有骤尖的小尖，叶面平，或微微内凹，叶端稍收窄、收尖，叶色较为丰富。

叶片匙形轮生，

肉质饱满，略显扁平

叶背有些凸起，有龙骨线

### 蓝石莲养护须知

新长的叶子长大就会恢复莲座的样子，老叶子不用揪，揪掉肉肉就没有储备粮了，夏季休眠需要消耗叶子的营养。

# 锦晃星

景天科石莲花属

叶较为肥厚，倒卵状匙形，中绿色，具白毛，秋季叶缘转红色。不喜过于干燥的环境，可适当在周围喷雾。夏季超过35℃深度休眠，冬季低于5℃浅休眠。夏季严格控水，注意通风遮阳。

色彩鲜明，外表优雅

肥厚的叶片上布满了细短的白色茸毛

叶片边缘会镶上一圈亮丽的红色

叶子有椭圆尖头

全株呈松散的莲座状

| 温度及生长状况 | 光照及浇水 |
| --- | --- |
| 10~18℃萌发期 | 表面有茸毛，尽量不要露养，在干净的地方养护；每日保证10小时的光照时间。需水量不多 |
| 18~28℃生长旺盛期 | 可露养，避免淋雨；浇水不要浇到叶片上，干透浇透 |
| <5℃或>35℃休眠期 | 炎夏中午要遮阴。宁干勿湿。夏季高温时停止生长，控制浇水。冬天严格控水，微弱给水，天气转暖时可以趁机补一次水 |

## 新手养护问题

**徒长**：盆土过湿茎叶易徒长，节间伸长，叶片柔软，毛色缺乏光泽。

**施肥**：生长期每月一次施肥，浓度不可过大，浓肥伤根。

**变黄**：有时候锦晃星的叶片萎缩变黄，在检查环境条件无误的情况下，可能是正常新陈代谢。

**老桩**：春、秋颜色红艳，生长迅速，容易成桩。

**繁殖**：叶插较为困难，常切取旁生的幼株进行扦插。

锦晃星的
相似品种

## 锦司晃

与锦晃星相似，但叶片要厚很多。老株易丛生。叶先端有微小的钝尖。

叶绿色，叶尖微呈红褐色，叶表覆盖一层长白毛，在强光和温差加大时，叶尖和叶缘会呈现红色或紫色。

## 丸叶锦晃星

跟锦晃星外形十分相似，但是丸叶锦晃星的叶比较圆，也比较短，市面上的丸叶锦晃星价格比锦晃星要高一些。

莲座状叶盘

叶正面微凹、背面圆凸

叶长 5~7 厘米、宽 2 厘米

形成老桩后形态优雅可爱

先端卵形并较厚

### 锦晃星养护须知

生长期不宜多浇水，盆土过湿时茎叶易徒长，节间伸长，叶片柔软，毛色缺乏光泽。夏季休眠，叶片会慢慢掉光，只留顶端几片，此时注意通风遮阳。

---

看似非常锐利有棱角

# 巧克力方砖

景天科石莲花属

叶缘有轻微米黄色边，强光下或者温差大，叶片会出现漂亮的紫褐色，如巧克力颜色。弱光则叶色浅褐绿，叶片拉长。植株叶面光滑，不容易积水。叶片无白粉。多年群生后，植株会非常壮观，特别是多年修剪过的老桩。

—— 叶片非常光滑，无粉

—— 充分光照下，多为紫褐色偏黑色

| 温度及生长状况 | 光照及浇水 |
| --- | --- |
| 10~18℃萌发期 | 露养，需强光，每日保证 10 小时的光照时间。刚买回的盆栽植株，须摆放在阳光充足的窗台或阳台，不要摆放在通风差或光线不足的场所 |
| 18~28℃生长旺盛期 | 露养，生长期每 2 周浇水 1 次，每次干透浇透；盆土保持稍干燥，浇水时要避免溅上泥土 |
| <10℃或 >33℃休眠期 | 炎夏中午遮半阴。冬季不需浇水，保持干燥；放在温暖、阳光充足和通风处越冬 |

## 新手养护问题

**换土**：适合生长在富含石灰质的沙质土壤中，可以加适量腐叶土。

**浇水**：生长期需保持土壤湿润，避免积水；夏季和冬季节制浇水。

**叶插**：取完整饱满的叶子，放在阴凉处晾干伤口，然后放置在微湿的土上就可以。

**扦插**：巧克力方砖会长很多的小侧芽，侧芽长大，取下扦插就可以。

**"砍头"**：砍下来的植株可以直接扦插在干的颗粒土中，发根后就可以少量给水了。

# 费菜属
## 小球玫瑰

景天科费菜属

小球玫瑰有着精致纤巧的外形，在温差大、阳光充足的环境下，叶子颜色会变成紫红色，非常艳丽，红彤彤的非常讨人喜爱。而且，耐寒和耐旱性非常好，有很强的繁殖能力，适宜作为护盆草或草坪草。

—— 五瓣花

—— 纯白至深红

匍匐状生长

—— 叶片紫红色

易生新枝，易群生

| 温度及生长状况 | 光照及浇水 |
|---|---|
| 10~18℃萌发期 | 露养，需强光，每日保证 10 小时的光照时间。刚买回的盆栽植株，不要摆放在通风差或光线不足的场所 |
| 18~28℃生长旺盛期 | 栽培中要经常向植株喷水，以增加空气湿度。春、秋季的生长旺盛期每周浇水 1 次，保持盆土湿润 |
| <10℃或 >33℃休眠期 | 炎夏中午遮半阴。冬季不需浇水，保持干燥；放在温暖、阳光充足和通风处越冬 |

## 新手养护问题

**光照:** 小球玫瑰喜温暖干燥和阳光充足的环境，所以要给予其足够的光照。

**徒长:** 若光照不足，水分过多，会节茎伸长，叶片疏散，颜色变绿。

**选盆:** 新手建议使用透气的红陶盆，以免导致水分淤积造成的腐烂。

**修剪:** 一段时间后，小球玫瑰的茎干会变长，要及时进行修剪，促进其再度分枝生长。

**扦插:** 剪下的枝条可用来枝插，非常易成活。繁殖的季节尽量避开寒冬酷暑。

# 风车草属

## 桃之卵

景天科风车草属

桃之卵是一种深受欢迎的美人系品种，与桃美人很像，但是桃美人是厚叶草属的。叶片卵形，肥厚，光照、水分充足的生长期，叶片会变得肥厚如同"卵"的形状。日照充足时，会呈现出美丽的粉红色。与桃美人相比，桃之卵叶片更加紧凑，而且叶端没有小红点；另外，桃美人叶片多贴地紧凑，且叶片互生；而桃之卵茎秆容易长高，且叶片轮生。

—— 叶片肥厚，环状排列

—— 长匙形，有叶尖

—— 叶缘圆弧状

—— 叶片光滑微量白粉

—— 叶片紧密排列

| 温度及生长状况 | 光照及浇水 |
|---|---|
| 10~18℃萌发期 | 适合露养，特别是出品相的春、秋季；<br>需要充足的光照，春日萌发期浇水要循序渐进 |
| 18~28℃生长旺盛期 | 浇水干透浇透。每月施稀释饼肥水1次。生长期的生长也比较缓慢，夏天每个月浇3~4次，少量在盆边给水。盆土不宜过湿 |
| <10℃或>33℃休眠期 | 炎夏中午用2针遮阳网遮阴。阴天闷湿环境下要控制浇水，间隔要长。不耐寒。冬天温度低于3℃就要逐渐少水，0℃以下保持盆土干燥 |

## 新手养护问题

**掉叶**：水分太充足，轻轻碰叶片容易掉叶，循序渐进给水可以尽量避免掉叶。

**病虫**：无明显病虫害。每年入夏和入冬撒点呋喃丹在土表就可以防病虫了。

**"砍头"**："不"砍头"植株的老杆会一直长很长，"砍头"后容易长侧枝群生，更加漂亮。

**土壤**：要求排水好，沙土与小颗粒石头的混合土为宜。

**繁殖**：方法主要有播种和分株、"砍头"、叶插。一般用叶插。

桃之卵
相似品种

## 亚美奶酪

为景天科风车草属的多肉植物，与桃之卵长得非常相似。两者的区别在于，桃之卵的颜色为粉紫色，亚美奶酪的颜色发黄，而且目前的价格比桃之卵便宜。

## 奶酪

叶片卵圆形，粉色，挂白霜，属于多肉植物中的高端品种。光照充足的时候，叶片紧密排列，弱光则会徒长。

莲座状叶盘

叶正面微凹、背面圆凸

叶长5~7厘米、宽2厘米

形成老桩后形态优雅可爱

先端卵形并较厚

### 桃之卵养护须知

喜温暖、干燥、光照充足的环境。能接受较强的日照，适合露养。

# 银星

景天科风车草属

银星叶尖带尾，造型非常特殊，有 1
厘米长，明显区别于其他风车草属多肉。
老株易丛生，莲座状叶盘较大，叶长卵形，
较厚，叶面青绿色略带红褐色，有光泽，
叶尖褐色。喜充足光照，夏天光照过强需
要适当遮阴。休眠期可用分株法繁殖。

株高 8~10 厘米，
株幅 10~12 厘米

莲座状叶盘较大

叶面青绿色略带红
褐色

叶尖褐色，有 1
厘米长

叶片容易反射光线
产生银色闪亮的特
殊质感

| 温度及生长状况 | 光照及浇水 |
|---|---|
| 10~18℃萌发期 | 可露养，每日保证 10 小时的光照时间；春日萌发期浇水要循序渐进。保持盆土干燥 |
| 18~28℃生长旺盛期 | 可露养，正常养护。浇水要正常，土干了就浇水。每次干透浇透。空气干燥时可向植株周围洒水，增加湿度 |
| <10℃或 >33℃休眠期 | 可露养，光照特别强的时候可短暂遮阴。阴天闷湿环境下尽量不浇水，浇水最佳时间是在清晨。冬季保持盆土干燥 |

## 新手养护问题

**病害**：易发生锈病，要及时防范治疗。

**冬季断水**：冬季温度过低时要断水，否则就容易冻伤。切勿喷雾或给大水。

**盆土**：每年春季换盆，盆土用泥炭土和粗沙的混合土，加少量骨粉。

**枝插**：全年可进行，以春、秋为宜。枝插可用莲座状顶枝，插入沙床，15~20 天生根。

**徒长**：银星徒长后，叶片拉长，整株拉高。建议做"砍头"处理。

# 姬秋丽

景天科风车草属

个头非常小。叶片饱满圆润，长卵圆形
灰绿色，被浅粉色。强光下橘红色，叶片在
阳光下稍微有点金属状光泽。养的久了会出
现白粉，非常可人。喜光，但遇强光须遮阴。
夏季要注意遮阴，其他季节都可以全光照。

—— 叶尖钝圆

—— 非常迷你，单头也
就1厘米

株高10~15厘米，
株幅10~15厘米

| 温度及生长状况 | 光照及浇水 |
|---|---|
| 10~18℃萌发期 | 可露养，每日保证10小时的光照时间；春日萌发期浇水要循序渐进 |
| 18~28℃生长旺盛期 | 可露养，秋冬保持干燥。避免淋雨。干透浇透。空气干燥时可向植株周围洒水，但叶面叶丛中心不宜积水 |
| <10℃或>33℃休眠期 | 可露养，炎夏中午遮半阴。宁干勿湿。温度高于30℃、冬季0℃以下就要断水，适当根部给水 |

## 新手养护问题

**休眠**：夏季温度超过35℃休眠，应该放置在阴凉通风的地方。

**徒长**：光照不足水分过大容易徒长，应给与充足的光照。

**浇水**：冬季低温期切勿给大水，叶心水分停留太久，容易引起腐烂。

**露养**：喜光但是怕强光，夏季炎热需要遮阴，否则会晒伤。

**繁殖**：繁殖主要手段有叶插和"砍头"繁殖。

# 白牡丹

景天科风车草属

"普货"中的"战斗机",非常好养。叶子表皮绿色或蓝色,被有淡淡的白粉,在光照下常常浮现灰白色,叶尖轻微粉红色,秋冬季节温差加大时叶片泛红。生长环境和条件等不同,叶色和叶形会略有不同。光线越充足,再加上昼夜巨大温差,颜色也就越鲜艳。

株高可达 8~12 厘米,茎健壮

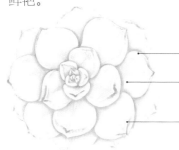

叶丛排列成莲座状

叶片倒卵形,先端急尖

叶尖有轻微的粉红色

| 温度及生长状况 | 光照及浇水 |
| --- | --- |
| 10~18℃萌发期 | 可露养,每日保证 10 小时的光照时间;<br>春日萌发期浇水要循序渐进。 |
| 18~28℃生长旺盛期 | 可露养,避免淋雨。一般一个月 1 次就足够。每次干透浇透。空气干燥时可向植株周围洒水,但叶面叶丛中心不宜积水 |
| <10℃或 >33℃休眠期 | 可露养,炎夏中午遮半阴。宁干勿湿。夏季高温时休眠,应减少浇水;<br>冬季休眠时控制浇水,盆土保持干燥 |

## 新手养护问题

**徒长**:全株呈浅绿色或深绿色,叶片稀疏间距伸长,加速向上生长,甚至可能会死亡。

**腐烂**:在过湿的环境下容易腐烂,切忌浇水过多,避免根部积水。

**扦插**:选健壮的肉质叶进行扦插,插后保持土壤稍湿润,2~3 周后可长出新芽并生根。

**播种**:春夏季播种繁殖,种子发芽适温为 19~24℃。

**群生**:植株生长较快,易生出分枝,形成群生株。

# 蓝豆

景天科风车草属

体型比较小，极为娇气爱掉叶。叶片在充足光照下为漂亮的蓝白色，弱光下叶色浅蓝。冬季不是特别耐冻，最好不要低于5℃以下。春、秋有充足光照且温度适宜时，叶色变艳丽，株形紧实美观，叶片变肥厚。每2~3年可以换盆1次。建议买群生植株，比较好养。

叶尖常年轻微红褐色

叶色浅蓝

叶片小巧

叶片覆盖有白粉

| 温度及生长状况 | 光照及浇水 |
|---|---|
| 10~18℃萌发期 | 可露养，每日保证10小时的光照时间；春日萌发期浇水要循序渐进 |
| 18~28℃生长旺盛期 | 可露养，避免淋雨。比较喜水，可比其他多肉浇水频率大一点。每次干透浇透 |
| <10℃或>33℃休眠期 | 炎夏中午遮半阴，避免雨淋。盛夏高温时浇水要在清晨或者晚上，同时要通风透气。宁干勿湿。切忌阵雨冲淋 |

## 新手养护问题

**徒长**：叶片窄长，夏季闷湿环境下容易徒长。

**休眠**：夏季休眠明显，不要在夏季买蓝豆，因为休眠很难发根。

**腐烂**：容易根部腐烂，要控水、通风、增加光照。

**施肥**：不喜大肥，生长旺盛期适度施缓释肥。

**繁殖**：繁殖用叶插、"砍头"、枝插均可。

# 姬胧月

景天科风车草属

姬胧月绝对是新手入门的绝佳选择，是强劲好养的小型品种。对环境要求极低，养养就会爆盆。新手养多肉可以选择这一种。叶片质感特殊呈蜡质，绿色，瓜子形，表面被有白霜。全光照喜光，阳光充足后呈现迷人的深红色，遮阴两天即变绿，缺乏光照会长期保持绿色。

—— 叶先端较尖，叶片排列成莲座状

—— 蜡质叶片，呈深红色

株高可达 10~15 厘米

叶片匙形至卵状披针形

| 温度及生长状况 | 光照及浇水 |
| --- | --- |
| 10~18℃萌发期 | 可露养，每日保证 10 小时的光照时间；春日萌发期浇水要循序渐进，逐渐过渡 |
| 18~28℃生长旺盛期 | 可露养，喜较大的空气湿度，空气干燥时可向植株周围洒水。每次干透浇透，避免淋雨 |
| <10℃或>33℃休眠期 | 炎夏中午遮半阴。春夏浇水，秋冬保持干燥。生长期夏季高温时应严格控水，也可在植株周围喷水，以起到降温的作用。宁干勿湿 |

## 新手养护问题

**徒长**：光线不足颜色会变黯淡，茎部伸长。

**休眠**：夏季休眠不明显，但是因为控水会使叶片变薄，茎秆也会伸长。

**换盆**：每 2~4 年换盆 1 次有利于植株生长，盆要比植株大 3~6 厘米。

**土壤**：配土可用泥炭土混合颗粒土的煤渣，要以透气为主。

**繁殖**：全年都可采用叶插和"砍头"的方法进行繁殖，也可以播种。

姬胧月的
相似品种

# 胧月

　　胧月比姬胧月植株稍大些。适应能力强，生长较快，易成活，极易繁殖。灰蓝色或灰绿色，阳光充足时呈淡粉红色或淡紫色。光照不足时叶片较薄，叶色灰绿，略带紫色晕。喜全光照、通风环境，耐干旱，忌阴湿。

# 姬胧月锦

　　姬胧月锦是姬胧月的锦斑品种，锦斑呈现漂亮的粉红，锦斑不明显，时有时无，叶片窄且长，轻微变薄，叶片间的间距拉开。要接受充足光照锦斑的叶色才会艳丽，叶片才会肥厚，株形才会变得更紧实美观。

叶片光滑有白粉

广卵形叶片，有叶尖，叶缘圆弧状

叶片青铜色至紫红色

带粉红色条纹锦

## 姬胧月养护须知

　　喜阳光充足，充足后会呈现迷人的深红色。

# 青锁龙属

## 火祭

景天科青锁龙属

多年生匍匐性肉质草本。叶片对生，排列紧密，长圆形，肉质，灰绿色。在温差较大、阳光充足的春、秋季，肉质叶呈艳丽的红色。喜温暖干燥和阳光充足的环境，在半阴或荫蔽处植株虽然也能生长，但叶色不红。每年早春换盆。每月施肥1次冬季不施肥。

植株丛生呈四棱状

株高20厘米，株幅15厘米。

叶面有毛点，花星状，白色

| 温度及生长状况 | 光照及浇水 |
| --- | --- |
| 10~18℃萌发期 | 可露养，每日保证10小时的光照时间。春日萌发期浇水要循序渐进；每2~3周浇水1次 |
| 18~28℃生长旺盛期 | 可露养，避免淋雨。需充足的光照。储水能力强，即使盆土全部干透再浇水也可以。干透浇透。生长旺盛期可每月施薄肥1次，可使植株更健壮 |
| <10℃或 >33℃休眠期 | 盛夏高温时要注意通风，炎夏中午遮半阴，避免淋雨，向植株周围喷雾以增加空气湿度。冬季处半休眠状态，盆土保持干燥。宁干勿湿 |

## 新手养护问题

**徒长：**夏季易徒长，叶片颜色褪去，茎秆伸长甚至变成"吊兰"。

**开花：**火祭开花会吸收很多养分，如果不想授粉，可以把花剑剪掉。

**修剪：**植株长得过高时要及时修剪，以促使基部萌发新的枝叶。

**群生：**易群生，能够形成非常漂亮的半木质茎，造景非常漂亮。

**扦插：**剪取充实的顶端茎叶，长3~4厘米，插入沙床，待长出新叶时盆栽。

# 绒针

景天科青锁龙属

非常容易群生的中小型多肉品种。叶长卵圆形，绿色，先端有头尖，像一根两头细中间粗的长棒。喜温暖、干燥和光照充足环境，春、秋季温差较大，光照充足时叶色会变红。耐干旱和半阴，怕积水，忌强光。

茎直立，多分枝

全株被茸毛

表面密被白色软刺状茸毛

| 温度及生长状况 | 光照及浇水 |
|---|---|
| 10~18℃萌发期 | 可露养，每日保证 10 小时的光照时间；春日萌发期浇水要循序渐进。每 2~3 周浇水 1 次 |
| 18~28℃生长旺盛期 | 可露养，避免淋雨。生长旺盛期可每月施薄肥 1 次；储水能力强，即使盆土全部干透再浇水也可以。每次干透浇透 |
| <10℃或 >33℃休眠期 | 盛夏高温时要通风良好且遮半阴，避免暴晒，节制浇水。不能雨淋。冬季保持稍干燥，5℃以下就要开始慢慢断水。宁干勿湿 |

株高 15~25 厘米，株幅 15~25 厘米

叶长卵圆形，先端有头尖

## 新手养护问题

**施肥：** 每年早春换盆。每月施肥 1 次，冬季不施肥。

**修剪：** 植株生长过高时，进行修剪或摘心，压低株形，剪下的顶端枝用于扦插。

**休眠：** 夏季高温休眠和冬季处半休眠状态时，盆土保持干燥。

**叶插：** 选取整齐饱满的叶片放在沙盆上 2~3 周后即可生根。

**扦插：** 春季剪取长 10~15 厘米的枝条，插水中或沙中，2~3 周生根后转入玻璃瓶。

# 黄金花月

景天科青锁龙属

根系发达,习性强健,非常容易木质化,呈树状生长的中大型植株,非常适合新手养护。颜值高,叶片为绿色,光照充足叶色艳丽,株形紧凑,非常抢眼。冬季温差大的时候,叶片的边缘呈红色,叶心金黄色。适合单独栽培于庭院中,会生长得非常大。

叶色黄绿至金黄色

肉质叶在茎或分枝顶端密集生长

光照充足时,叶片变红

| 温度及生长状况 | 光照及浇水 |
| --- | --- |
| 10~18℃萌发期 | 可露养,每日保证 10 小时的光照时间;浇水要循序渐进。每 2~3 周浇水 1 次 |
| 18~28℃生长旺盛期 | 可露养,正常养护即可。每次干透浇透。保证充足的光照,生长旺盛期可每月施薄肥 1 次,可使植株更健壮 |
| <10℃或 >33℃休眠期 | 可露养,休眠期要通风、控水。宁干勿湿。盛夏高温时要注意通风,炎夏中午遮半阴,避免淋雨,可少量喷水 |

## 新手养护问题

**徒长**:生性强健,不需要过多浇水。过多水分导致徒长影响美观。

**光照**:光照太少则叶色变浅绿,叶片排列松散、拉长,并且枝干非常柔弱。

**修剪**:栽培中注意修剪整形,除去影响株形美观的枝叶。

**换盆**:每 2 年换盆 1 次,盆径可以比株径稍大一点,这样可促进植株生长。

**繁殖**:繁殖一般采用"砍头"法,剪下一段插入土中即可,比较容易成活。全年都可以进行。

黄金花月的
相似品种

# 三色花月锦

　　肉质灌木，花月的斑锦品
种。易分枝，叶卵圆形，肉质，
深绿色，嵌有红、黄、白三色叶
斑，色彩斑斓。花期在秋季。
　　可放在光照充足处养护，
若光照不足会造成植株徒长，
不能突出品种特色。

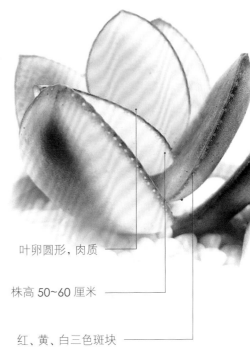

# 姬花月

　　相对较小，颜色褐红，肉质叶对生，
稍往外翻。温差大的时候叶片的边缘呈
褐红色，叶心红绿色，茎明显，圆形，表
皮绿色或者黄褐色，叶片上有小点点。
控水和强光照下，整个植株呈现非常漂
亮的红绿色。

叶卵圆形，肉质

株高 50~60 厘米

红、黄、白三色斑块

肉质叶卵形，轻微有
叶尖

褐红色带绿色

### 黄金花月养护须知
　　每年的三月，气候冷凉，光照充
足，昼夜温差大，是其一年当中叶色
最美的时节。耐干旱，根系发达，好
管理。

# 茜之塔

景天科青锁龙属

茜之塔是极容易群生的品种。外形比较奇特,茎直立,叶三角形对生无柄,密集排列,堆砌起一座深绿色的方塔,因此也叫绿塔。春、秋季光照充足,叶片变红。夏季高温强光时需适当遮阴,但时间不能长,否则影响叶色和光泽,注意通风。冬季阳光下呈橙红色。每年早春换盆 1 次。用枝插法繁殖。

株高 5~8 厘米,株幅 8~12 厘米

叶片无柄,对生,长三角形

叶密排成 4 列,堆砌呈塔形

| 温度及生长状况 | 光照及浇水 |
|---|---|
| 10~18℃萌发期 | 可露养,每日保证 10 小时的光照时间;春日萌发期浇水要循序渐进。每 2~3 周浇水 1 次 |
| 18~28℃生长旺盛期 | 可露养,避免淋雨。保持盆土湿润,每次干透浇透。储水能力强,即使盆土全部干透再浇水也可以。生长旺盛期可每月施薄肥 1 次 |
| <10℃或 >33℃休眠期 | 盛夏高温时要注意通风,光照过强时必须遮阴。避免淋雨,向植株周围喷雾以增加空气湿度。宁干勿湿。冬季处半休眠状态,盆土保持干燥 |

## 新手养护问题

**换盆:**每年春季换盆,盆土用腐叶土、粗沙的混合土,加入少量骨灰和干牛粪。

**施肥:**量不宜过多,以免茎叶徒长,茎节伸长,严重影响观赏价值。

**播种:**4~5 月室内盆播,发芽适温 20~22 ℃,播后 10~12 天发芽,幼苗生长较快。

**分株:**春季换盆时进行,将茎叶生长密集的加以掰开,每盆栽 3~4 枝一丛为好。

**扦插:**5~6 月进行,剪取顶端充实枝条,插入沙床,插后 15~21 天生根。

# 南十字星锦

景天科青锁龙属

植株丛生，有分枝，茎肉质，时间养久了茎会逐渐半木质化。肉质叶灰绿至浅绿色，交互对生，卵状三角形，无叶柄，基部连在一起，新叶上下叠生，成叶上下有少许间隔。叶片两边黄色或红色的锦，叶面有绿色斑点，叶缘温差大会稍具红色。

株高 15~20 厘米，株幅 10~12 厘米

叶基部连在一起

叶片两边有黄色或红色的锦

叶面有绿色斑点

株形矮壮

| 温度及生长状况 | 光照及浇水 |
|---|---|
| 10~18℃萌发期 | 可露养，每日保证 10 小时的光照时间；春日萌发期浇水要循序渐进。每 2~3 周浇水 1 次 |
| 18~28℃生长旺盛期 | 可露养，避免淋雨。生长旺盛期可每月施薄肥 1 次；储水能力强，盆土全部干透再浇水也可以。干透浇透 |
| <10℃ 或 >33℃ 休眠期 | 盛夏高温时要通风良好且遮半阴，避免暴晒，节制浇水，不能长期雨淋。冬季保持稍干燥，5℃以下就要开始慢慢断水。宁干勿湿 |

## 新手养护问题

**徒长**：株形松散，叶距离拉长，叶缘红色减退，叶杆变嫩。可"砍头"用以繁殖。

**冻伤**：能耐 -2℃ 左右的低温，是室内的温度，非露天，再低就会冻伤。

**修剪**：养殖过程中需经常修剪，剪去过乱的枝条，以保持株形的漂亮体态。

**土壤**：煤渣混合泥炭土、少量珍珠岩，比例大概 5:4:1，土表铺上小石头。

**繁殖**：一般可以"砍头"；3~5 厘米高剪下一段，晾干伤口扦插或者直接扦插。

# 钱串景天

景天科青锁龙属

外形很像铜钱串子,由此得名。肉质叶灰绿至浅绿色,春、秋季光照充足、温差大时叶片颜色从绿色转变为红色。叶缘稍红色,在晚秋至早春的冷凉季节,阳光充足的条件下更为明显。春、秋季节生长,夏季高温休眠。

—— 株形矮壮,茎节之间排列紧凑

—— 肉质叶交互对生,卵圆状三角形

植株亚灌木状丛生

幼叶上下叠生

叶缘红色

| 温度及生长状况 | 光照及浇水 |
|---|---|
| 10~18℃萌发期 | 可露养,每日保证 10 小时的光照时间;春日萌发期浇水要循序渐进,逐渐过渡 |
| 18~28℃生长旺盛期 | 可露养,保证充足的光照,每次干透浇透;生长旺盛期可每月施薄肥 1 次,可使植株更健壮 |
| <10℃或 >33℃休眠期 | 盛夏高温时要注意通风,光照过强时必须遮阴,避免淋雨。向植株周围喷雾以增加空气湿度。宁干勿湿 |

## 新手养护问题

**徒长**:叶间距拉长,株形松散,叶缘的红色也会减退,植株变得非常难看。

**施肥**:每 15 天左右施 1 次腐熟的稀薄液肥,以促进植株的生长。

**修剪**:钱串景天在栽培中应经常修剪,剪去杂乱的枝条,以保持株形的优美。

**换盆**:当植株生长过于拥挤时可在春季或秋季换盆,种植盆应根据植株的大小进行选择。

**盆土**:要求疏松肥沃,具有良好的排水透气性,可用腐叶土、园土、粗砂或蛭石混合土栽种。

钱串景天的
相似品种

# 半球星乙女

跟钱串景天比较好区分。全株无毛，基部丛生很多分枝，株型低矮。叶无柄，正面平，背面浑圆似半球状，黄绿色，叶缘呈红色。交互对生，长约1厘米，宽和厚均约0.6厘米，肉质坚硬。

# 方塔

方塔叶片银色灰色到灰绿色，鳞片状，宽心形，两两对生密集堆叠，形成一个漂亮的方形柱状宝塔。叶面有白色粉末，有助于保护水分和免受强烈光照伤害。方塔过高容易站不稳，需要用支撑物支撑。

株高 20~30 厘米，
株幅 10~12 厘米

叶面平展

背面似半球形

叶宽心形

叶面有白色粉末

过高容易站不稳

### 钱串景天养护须知

夏季节制浇水，高温时放在通风良好处养护，避免烈日暴晒。冬季放在室内阳光处，如果能维持 10℃ 以上，可继续浇水。施肥不宜过多。

# 巴

景天科青锁龙属

巴是非常好养的一种常见的多肉。整个株形像四边形小塔，一般来说养的层数越多越成功。叶绿色，末端渐尖如桃形，基部易生侧芽。春季开聚伞花序，小花白色，观赏价值不大，并且一旦开花层数就不会再增加，株形散乱失去原本的观赏价值。

边缘有白色细毛

株高 5~15 厘米，株幅 18 厘米

有光泽，密生细小疣突

上下垒叠呈十字形

肉质叶半圆形

叶对生

| 温度及生长状况 | 光照及浇水 |
|---|---|
| 10~18℃萌发期 | 可露养，每日保证 10 小时的光照时间；浇水要循序渐进。保持盆土稍湿润，不需多浇水 |
| 18~28℃生长旺盛期 | 避免淋雨。保证充足的光照。可以大量给水。每次干透浇透。生长旺盛期可每月施薄肥 1 次 |
| <10℃或 >33℃休眠期 | 炎夏中午遮半阴，保持通风、干燥、控水，抓住凉爽天气补水。冬季盆土保持干燥。宁干勿湿 |

## 新手养护问题

**休眠：**巴喜凉爽干燥和阳光充足的环境，夏季高温休眠。

**配土：**一般可用泥炭土、蛭石和珍珠岩的混合土。

**施肥：**生长期施肥一般每月 1 次。

**分株：**可结合换盆进行分株，生长季节将侧生幼芽取下，稍晾后进行扦插。

**开花：**开花后株形变松散，不能恢复；花剑剪除后，在伤口处会长出小芽。

**巴的相似品种**

## 巴锦

为巴的斑锦品种。灰绿色。花小，管状，白色。新上盆的植株不要浇过多的水，保持稍有潮气就可生根。生长期保持盆土湿润，冬季保持干燥。切忌积水。

株高 5~8 厘米，株幅 12~15 厘米

具黄白纵条纹

叶片半圆形至圆形

## 象牙塔

为青锁龙属的栽培品种，属于生长缓慢的小型多肉品种，子叶常丛生。叶片三角形至卵圆形，向内合抱，深灰绿色，叶片两面密被白色小茸毛，叶背茸毛更密，具有天鹅绒般的质感。花小，白色。

植株具短茎

上下层叠呈十字形排列

叶片交互对生

### 巴养护须知

巴开花后层数不再增加，株形会变松散，不能恢复；花剑剪除后，在伤口处会长出小芽。

# 若绿

景天科青锁龙属

小型品种，生长速度快，适应性强，容易繁殖，非常适合放在组合盆栽中种植。很容易养活，因此很适合新手入门。喜欢通风良好的半阴环境，不耐寒，耐干旱和半阴，怕积水，忌强光。

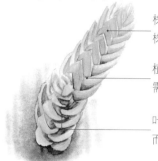

株高 10~30 厘米，株幅 20 厘米

植株生长过高时需摘心

叶片鳞片状，小而紧密排成 4 列

光照充分时顶部叶片会略微变红

非常容易繁殖

| 温度及生长状况 | 光照及浇水 |
|---|---|
| 10~18℃萌发期 | 可露养，每日保证 10 小时的光照时间；春日萌发期浇水要循序渐进。每 2~3 周浇水 1 次 |
| 18~28℃生长旺盛期 | 可露养，避免淋雨。保证充足的光照。春、秋季可以大量给水。每次干透浇透。生长旺盛期每月施薄肥 1 次，可使植株更健壮 |
| <10℃或 >33℃休眠期 | 盛夏高温时要注意通风，适当减少浇水频率。宁干勿湿。炎夏中午遮半阴，避免大雨冲淋。冬季处半休眠状态，盆土保持干燥 |

## 新手养护问题

**换盆**：每年春季换盆，盆土用腐叶土、粗沙的混合土，加入少量骨灰和干牛粪。

**施肥**：量不宜过多，以免茎叶徒长，茎节伸长，严重影响观赏价值。

**播种**：4~5 月室内盆播，发芽适温 20~22℃，播后 10~12 天发芽，幼苗生长较快。

**分株**：春季换盆时进行，将茎叶生长密集的加以掰开，每盆栽 3~4 枝一丛为好。

**扦插**：5~6 月进行，剪取顶端充实枝条，插入沙床，插后 15~21 天生根。

# 筒叶花月

景天科青锁龙属

又叫吸财树，为中大型植株，为玉树的变种，因叶片截面形似马蹄，所以又叫"马蹄角"，经日晒叶片泛红后也称"马蹄红"。肉质叶筒状，长4~5厘米，顶端呈斜的截形，截面通常为椭圆形，叶色鲜绿，顶端有些许微黄，有蜡状光泽，春、秋、冬季其截面的边缘呈红色，色彩怡人。

叶片肥厚，对生

叶片圆形，稍方

表面有不规则白粒

| 温度及生长状况 | 光照及浇水 |
|---|---|
| 10~18℃萌发期 | 可露养，每日保证10小时的光照时间。春日萌发期浇水要循序渐进；每2~3周浇水1次。平时浇水的时候尽量浇在土里，叶片沾水会影响美观 |
| 18~28℃生长旺盛期 | 可露养，避免淋雨。储水能力强，即使盆土全部干透再浇水也可以；每次干透浇透。生长旺盛期可每月施薄肥1次 |
| <10℃或>33℃休眠期 | 夏天每个月浇水3~4次，少量在盆边给水。冬天温度低于5℃就要逐渐断水，3℃以下保持盆土干燥。宁干勿湿 |

## 新手养护问题

**烂芯**：浇水不要浇到花蕊和叶片，否则容易烂芯。

**土壤**：泥炭土混合珍珠岩加煤渣，比例1:1:1，铺上颗粒状的干净河沙。

**休眠**：夏天高温下有浅休眠，要通风，遮阴，少量在盆边给水。

**发黄**：夏季要记得遮阴，否则容易变黄。

**繁殖**：方法有播种和分株，"砍头"。一般用"砍头"法繁衍。

# 伽蓝菜属

## 蝴蝶之舞

景天科伽蓝菜属

叶片色彩丰富，是圣诞节、新年的最佳礼物。肉质叶扁平，叶蓝绿或灰绿色，上面有不规则的乳白、粉红、黄色斑块，极富变化。新叶更是绚丽多姿、五彩斑斓，非常美丽。喜温暖凉爽的气候环境，不耐高温烈日。温差较大的春、秋季，叶缘会变红。气温在13℃以上时才能正常开花。

叶片肉质扁平卵形，边缘有齿

株高 20~30 厘米

分枝较密，叶交互对生

叶色艳丽，形态如花

| 温度及生长状况 | 光照及浇水 |
| --- | --- |
| 10~18℃萌发期 | 可露养，每日保证 10 小时的光照时间；春日萌发期浇水要循序渐进。每 2~3 周浇水 1 次 |
| 18~28℃生长旺盛期 | 可露养，保证充足的光照。耐干旱。生长期可待盆土快要干透时再浇水，盆土不宜过湿。每次干透浇透 |
| <10℃或 >33℃休眠期 | 炎夏中午遮半阴，严格控水，切忌向叶面喷水。冬季盆土不能完全干透，应保持稍微潮湿。放在温暖且阳光充足的室内养护 |

## 新手养护问题

**徒长**：喜散光照射，但过于荫蔽容易徒长，节间不紧凑，叶片暗淡无光泽。

**修剪**：蝴蝶之舞叶色艳丽，形态如花，株形美观，需要及时修剪。

**施肥**：生长期每月施肥 1 次，若肥水过多，植株节间拉长，叶片柔软，容易患病。

**换盆**：每年春季换盆。盆土用腐叶土、营养土和粗沙的混合土。

**扦插**：全年均可进行。剪取成熟的顶端枝条扦插，插后 7~10 天生根。

# 长寿花

景天科伽蓝菜属

花色多，易繁殖，花期长达 4 个月之久，因此得名长寿花。不耐寒冬，冬天适宜室内养护。短光照植物，对光比较敏感。夏季高温停止生长。冬季温度低于 5℃，叶片发红，花期推迟。如果温度在 15℃ 左右，长寿花开花不断。

花小，高脚碟状，花瓣 4 片

叶亮绿色，边略带红色

肉质叶卵圆形，有光泽

株高 10~40 厘米，株幅 10~40 厘米

叶片上部叶缘具波状钝齿，下部全缘

| 温度及生长状况 | 光照及浇水 |
| --- | --- |
| 10~18℃萌发期 | 可露养，每日保证 10 小时的光照时间；春日萌发期浇水要循序渐进。可保持盆土湿润 |
| 18~28℃生长旺盛期 | 可露养，避免淋雨。保证充足的光照。待盆土快要干透时浇水，不用每天浇水，盆土不宜过湿。每次干透浇透 |
| <10℃或 >33℃休眠期 | 炎夏中午遮半阴，切忌向叶面喷水。冬季盆土不能完全干透，应保持稍微潮湿。放在阳光充足的室内养护 |

## 新手养护问题

**肥料:** 对肥料的要求不高，定植的时候施底肥，其他时段不再施肥。

**腐烂:** 盛夏要控制浇水，注意通风。若高温多湿，叶片易腐烂脱落。

**修剪:** 修剪的时候要配合换盆施肥，修剪下的枝条可以扦插。9 月底以后不再修剪。

**土壤:** 任何土壤都能生长。但以疏松透气且排水好的土壤最好。

**繁殖:** 可用枝插法繁殖。

# 唐印

景天科伽蓝菜属

唐印是个非常好养的中小型品种，有粗
矮的茎。叶面光滑，有厚白粉，白粉比较涩。
多年群生后植株会非常壮观。接受充足光照
和大温差后，叶色艳丽，株形紧凑。弱光则叶
色微浅绿，叶片拉长，颜色也变得较暗淡。冬
季在明亮光照下叶片会变红。

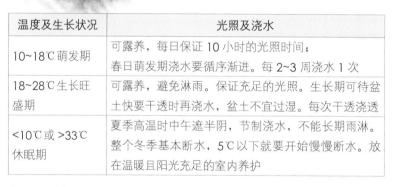

株高 60 厘米，株幅
30 厘米

叶片非常薄

叶面光滑，有厚白粉

匙形，没有很明
显的叶尖

边缘红色，具
白霜

| 温度及生长状况 | 光照及浇水 |
|---|---|
| 10~18℃萌发期 | 可露养，每日保证 10 小时的光照时间；春日萌发期浇水要循序渐进。每 2~3 周浇水 1 次 |
| 18~28℃生长旺盛期 | 可露养，避免淋雨。保证充足的光照。生长期可待盆土快要干透时再浇水，盆土不宜过湿。每次干透浇透 |
| <10℃ 或 >33℃休眠期 | 夏季高温时中午遮半阴，节制浇水，不能长期雨淋。整个冬季基本断水，5℃以下就要开始慢慢断水。放在温暖且阳光充足的室内养护 |

## 新手养护问题

**徒长:** 若光照不足会使植株叶片徒长。

**冻伤:** 低于-4℃时，叶片就会出现冻伤，干枯死亡。

**群生:** 多年群生后，植株会非常壮观。

**土壤:** 用煤渣混合泥炭土、少量珍珠岩，比例大概 5:4:1，土表铺设大颗粒河沙。

**繁殖:** 一般是"砍头"、爆小头扦插，砍下来的植株可以直接扦插在干的颗粒土中，发根后少量给水。

# 白姬之舞

景天科伽蓝菜属

叶片轻微覆盖白粉，需要阳光充足和凉爽、干燥的环境，耐半阴，怕水涝，忌闷热潮湿。具有春、秋季节生长，夏季高温休眠的习性。生长期放在阳光充足处，则株形矮壮，叶片之间排列会相对紧凑点，叶片覆盖微白粉，叶缘发红，叶色斑点更加明显。

茎直立，基部分枝

叶灰绿至粉绿色

叶片边缘有不规则锯齿

株高 20~25 厘米，株幅 20~25 厘米

叶无柄，倒长卵状匙形，叶缘顶端向内翻

| 温度及生长状况 | 光照及浇水 |
| --- | --- |
| 10~18℃萌发期 | 可露养，每日保证 10 小时的光照时间；春日萌发期浇水要循序渐进。可保持盆土湿润 |
| 18~28℃生长旺盛期 | 可露养，避免长期雨淋。生长期可待盆土快要干透时再浇水，保持土壤微湿，避免积水。每次干透浇透 |
| <10℃或 >35℃休眠期 | 炎夏中午遮半阴，可严格控水，切忌向叶面喷水。整个冬季基本断水，放在温暖且阳光充足的室内养护 |

## 新手养护问题

**徒长**：叶与叶之间的上下距离会拉的更长，株形更加松散，茎变得很脆弱，叶片也会拉长、变绿。

**浇水**：夏季温度超过 35℃时，整个植株生长基本停滞。这个时候应减少浇水，防止根部腐烂。

**换盆**：白姬之舞长的相对较快，1~2 年换盆 1 次就差不多了，初春头次浇水前进行换盆。

**土壤**：用煤渣混合泥炭土、少量珍珠岩，比例大概 6:3:1，土表铺设河沙。

**繁殖**：可以"砍头"扦插和分株。把健康的老枝条剪下晾干扦插在微微湿润的沙土中就可以。

# 黑兔耳

景天科伽蓝菜属

叶片长圆形，被深褐色的斑点包围，像是涂上了一层巧克力外衣。全株密被银色茸毛，毛茸茸的叶片摸起来很有触感，是很受欢迎的治愈系萌物。与月兔耳很像，但叶子偏黑，叶边颜色更深，呈深棕色或黑色。

叶子短小厚实

株高 80 厘米，株幅 20 厘米

叶长圆形，肥厚，灰色，密被银色茸毛

叶上缘锯齿状，缺刻处有黑色斑

叶被茸毛，像兔子的耳朵

| 温度及生长状况 | 光照及浇水 |
|---|---|
| 10~18℃萌发期 | 可露养，每日保证 10 小时的光照时间 |
| 18~28℃生长旺盛期 | 可露养每次干透浇透。避免淋雨。保证充足的光照；生长期不用每天浇水，盆土不宜过湿。每次干透浇透 |
| <10℃或>35℃休眠期 | 炎夏中午遮阴，可严格控水，切忌向叶面喷水。冬季盆土保持干燥。放在温暖且阳光充足的室内养护。宁干勿湿 |

## 新手养护问题

**徒长**：若光照不足植株容易徒长，茎很脆弱，叶片也会拉长，颜色也会变淡。

**腐烂**：夏季温度超过 35℃时停止生长，应严格控水，防止因盆土过度潮湿引起根部腐烂。

**花盆**：根系比较强大，在栽种的时候可以选择较深一些的花盆。

**应用**：叶形叶色较美，盆栽可放置于电视、电脑旁吸收辐射，吸收甲醛，净化空气。

**繁殖**：可用"砍头"扦插和分株法繁殖。

黑兔耳的
相似品种

## 月兔耳

植株的叶片非常可爱，月兔耳和黑兔耳的区别是，月兔耳叶缘不容易发黑，黑兔耳的叶片边缘容易发黑。如果长期处于荫蔽环境，不利于叶面褐色斑形成。阳光充足的话，叶片会长得更加肥厚！

叶片茎干密布茸毛

新叶金黄色

## 白兔耳

虽然名字相似，但是与黑兔耳并不容易混淆。整个叶片及茎干密布白色茸毛，叶片长梭形对生，叶尖圆形，叶片顶端微金黄。初夏开花。

叶片绿色透着雪白

叶片及茎干全部覆盖白色茸毛

叶尖圆形

### 黑兔耳养护须知

冬季最好保持在 10℃ 左右，叶片会随着光照时间增多而变黑，这是与月兔耳最大的区别。

# 江户紫

景天科伽蓝菜属

叶片竖直,对生倒卵形或圆形,无柄。叶面灰绿色,具有大的紫褐色斑点。喜欢温暖、干燥及阳光充足的环境,不耐寒,比较耐干旱和半阴,强光时要遮阴。在阳光下,叶色更美,光照越充足斑点越明显。光线不足,叶色暗淡;光线太强,叶尖枯萎。

植株直立或匍匐生长

茎粗壮有力,直立生长

叶缘有圆钝的锯齿

株高 40 厘米,株幅 40 厘米

叶有紫色细碎斑点,覆盖一层薄粉

| 温度及生长状况 | 光照及浇水 |
| --- | --- |
| 10~18℃萌发期 | 可露养,每日保证 10 小时的光照时间;春日萌发期浇水要循序渐进。可保持盆土湿润 |
| 18~28℃生长旺盛期 | 可露养,避免淋雨。保证充足的光照。生长期盆土 75% 干即可浇水。盆土不宜过湿。每次干透浇透 |
| <10℃或 >33℃休眠期 | 炎夏中午遮半阴,可严格控水,切忌向叶面喷水。冬季盆土不能完全干透,应保持稍微潮湿。放在温暖且阳光充足的室内养护 |

## 新手养护问题

**徒长**:缺光会造成茎叶徒长,株形松散,叶色暗淡。

**腐烂**:夏季高温时生长缓慢,应加强通风、控水,以免土壤湿度过大,从而引起基部茎干腐烂。

**换盆**:每年春季换盆 1 次,并对植株进行修剪。

**开花**:栽培中很少能见到花,花序很长,花呈喇叭形。

**繁殖**:采用叶插、枝插与播种法。

# 莲花掌属
## 爱染锦

景天科莲花掌属

比较好养，生长速度很快，枝干比较容易木质化，在春、秋两季生长更为明显。植株矮小，呈灌木状，颜色如同名字一样美丽，绿色的叶片中间含有黄色的锦斑，锦斑可能会消失，也可能完全锦斑化（即叶片全为黄色），花黄色。

叶片匙形

茎半木质化，有落叶叶痕

绿色的叶片中间含有黄色的锦斑

| 温度及生长状况 | 光照及浇水 |
| --- | --- |
| 10~18℃萌发期 | 可露养，对水分需求不是太多，每日保证 10 小时的光照时间 |
| 18~28℃生长旺盛期 | 可露养，每次干透浇透。怕强光直射，光照过强时可拉遮阳网或放在纱窗后养护。生长期需要水分充足和少施薄肥水才有利于生长 |
| <10℃或 >33℃休眠期 | 盛夏及严冬宜节制水分，不耐低温。冬季温度最好在 6℃以上，放置在室内温度较高、光照最好的地方。宁干勿湿 |

## 新手养护问题

**光照:** 缺乏光照植株容易徒长，缺光时间过长容易滋生病害。夏季遮阴，冬天应多见阳光。

**群生:** 枝干特别容易木质化，还会如榕树般生出很多气根，极容易群生。

**休眠:** 是冬型种多肉植物，夏季休眠，底部叶片会不停地干枯凋落，属于正常现象。

**土壤:** 对土质要求不是很高，以透气性好为佳。

**繁殖:** 以茎插为好，成活率很高，分枝性好。也可用底部小芽扦插。

# 黑法师

景天科莲花掌属

庄严中不乏美丽，容易成桩。植株呈灌木状，浅褐色。肉质叶稍薄，在枝头集成莲座状叶盘，叶片有小尖，叶缘有白色睫毛状细齿。叶色黑紫，光照不足时，中心叶呈深绿色。小花黄色，花后植株通常枯死。

— 叶缘细齿状

— 茎圆筒形，浅褐色

— 排列紧密呈莲座状

株高 1 米左右
株幅 1 米左右

叶倒卵形，紫黑色，
冬季则为绿紫色

| 温度及生长状况 | 光照及浇水 |
|---|---|
| 10~18℃萌发期 | 可露养，每日保证 10 小时的光照时间；春日萌发期浇水要循序渐进 |
| 18~28℃生长旺盛期 | 怕强光直射，光照过强时需要遮阴。保持盆土有潮气即可。秋季生长比较旺盛，可每月施薄肥 1 次 |
| <10℃或 >33℃休眠期 | 浇水不宜多，盆土保持稍干燥。不耐低温。冬季温度最好在 6℃以上，放置在室内温度较高、光照最好的地方 |

## 新手养护问题

**徒长：**切忌积水和雨淋，湿度大、光线不足时，叶片易徒长。

**换盆：**每年早春换盆，剪除植株基部枯叶和过长的须根。定期转动盆向。

**施肥：**每月可施肥 1 次，用稀释饼肥水或用"卉友"盆花专用肥。

**休眠：**夏季休眠时底部叶片会凋落，属于正常新陈代谢。

**扦插：**母株周围旁生的子株可剪下用于扦插。插后 3~4 周生根，扦插成活率高。

黑法师的
相似品种

## 黑法师锦

为黑法师的斑锦变异品种，不像黑法师那么黑，叶片呈巧克力色，叶片中间有许多斑锦。习性与黑法师相近，但是夏季休眠迹象比黑法师更明显，休眠时间也更长。休眠时叶片紧缩成一个平面，底部干枯脱落。待气候凉爽时叶片会展开。小花黄色，花后会死亡。

## 黑法师原始种

为另一种黑法师，只不过其叶片不会因光照增多而变为黑色。叶片较黑法师大而狭长，叶片中心有黑色条纹。夏季高温时底部叶片会干枯脱落，中心叶片会慢慢卷成玫瑰状，甚至可以与山地玫瑰相媲美，非常漂亮。

肉质叶莲座状排列

叶中间有一条褐色纵纹

边缘有淡黄色晕纹

叶面具淡黄色过度至粉色斑纹

呈鸡冠状扇形排列

### 黑法师养护须知

夏季休眠时底部叶片会掉落，属于正常现象，冬季可持续生长。喜欢光照，缺光时间过长容易滋生病害，或者死亡。

# 清盛锦

景天科莲花掌属

株形秀美，色彩绚丽斑斓，是不少喜欢多肉植物肉友的必选。叶的中央淡绿色与杏黄色间杂，边缘有红色斑块，春、秋季节温差较大、光照较多时，叶片会从金黄转变为红色。花白色，花后植株会死亡。生长期需充足光照。

叶片倒卵圆形，呈莲座状排列

新叶杏黄色，后转为黄绿至绿色

叶缘红色，有睫毛状小齿

株高 10~15 厘米，株幅 10~15 厘米

| 温度及生长状况 | 光照及浇水 |
| --- | --- |
| 10~18℃萌发期 | 可露养，每日保证 10 小时的光照。春日萌发期浇水要循序渐进。空气干燥时要向植株喷水，使叶片清新 |
| 18~28℃生长旺盛期 | 怕强光直射。生长期每 2 周浇水 1 次，保持盆土有潮气。秋季生长比较旺盛，可每月施薄肥 1 次 |
| <10℃或>33℃休眠期 | 夏季高温或冬季室温过低时，浇水不宜多，盆土保持稍干燥。不耐低温。冬季温度最好在 6℃以上，放置在室内温度较高、光照最好的地方 |

## 新手养护问题

**徒长**：肥水需淡不宜浓，以免因肥水过量引起植株徒长，影响美观。

**光照**：缺光时为绿色，光照时间过长及温差较大时会整株转变为红色或橘红色。

**弯曲**：植株有向光性，需定期转动花盆，以免植株发生弯曲。

**扦插**：在早春剪下莲座状叶盘扦插，剩下的茎上会群出侧芽。

**叶插**：用成熟的叶片，平卧或斜插于沙床，插后10 天左右生根。

# 明镜

景天科莲花掌属

叶呈莲座状着生于茎上，鲜绿色。从顶端看似一朵正在盛开的小花。形态与莲花掌有点相似，只是它的叶片更密集紧凑，整体看起来更像一朵绿色的花。花梗自植株中部抽出，花黄色，在栽培中植株很少开花。在充足的阳光照射下，不但株形紧凑，而且叶片颜色翠绿、鲜艳。

株高 60~80 厘米，
株幅 20~30 厘米

—— 叶呈莲座

—— 叶鲜绿色

—— 像一朵绿色的花

| 温度及生长状况 | 光照及浇水 |
|---|---|
| 10~18℃萌发期 | 可露养，每日保证 10 小时的光照时间；春日萌发期浇水要循序渐进 |
| 18~28℃生长旺盛期 | 生长期每 2 周浇水 1 次。切忌土壤湿度大，光线差，怕强光直射。秋季生长比较旺盛，可每月施薄肥 1 次 |
| <10℃ 或 >33℃ 休眠期 | 保持通风状态，盆土保持稍干燥。冬季温度最好在 6℃ 以上，放置在室内温度较高、光照最好的地方 |

## 新手养护问题

**繁殖:** 明镜很容易生侧芽，因此最适合用扦插侧芽法繁殖。

**烂心:** 夏季要避免叶丛中心积水，否则会造成烂心。

**多头:** 多头的假明镜比单头的性价比更高。

**土壤:** 明镜喜欢疏松、排水透气性良好的土壤。

**休眠:** 夏季休眠时底部叶片会凋落，属于正常新陈代谢。

# 山地玫瑰

景天科莲花掌属

夏季会进入休眠期，因为躲避强光、酷热等不利气候，外围叶片老化，而中心叶片会包裹起来，酷似一朵含苞欲放的玫瑰，由此得名。叶色有灰绿、蓝绿或翠绿等。开花后随着种子的成熟，母株会逐渐枯萎。

叶色翠绿

肉质叶互生，呈莲座状排列

肉质叶卵圆形，有光泽

耐干旱。株高10~15厘米，株幅15~20厘米

酷似一朵朵含苞待放的玫瑰花

| 温度及生长状况 | 光照及浇水 |
|---|---|
| 10~18℃萌发期 | 可露养，每日保证10小时的光照时间；春日萌发期浇水要循序渐进。不能雨淋 |
| 18~28℃生长旺盛期 | 怕强光直射，光照过强时拉遮阳网。生长期始终保持盆土微湿。秋季生长比较旺盛，可每月施薄肥1次 |
| <0℃或>35℃休眠期 | 炎夏中午遮半阴。浇水不宜多。不耐低温。冬季放置在室内温度较高、光照最好的地方 |

## 新手养护问题

**徒长**：生长期光照不足会使得植株徒长，从而造成株形松散，叶片变薄。

**腐烂**：夏季避免烈日暴晒，更要避免雨淋，以免因闷热潮湿而引起植株腐烂。

**休眠**：夏季高温超过35℃，冬季0℃左右会休眠，叶片紧缩抱团。

**翻盆**：以早春时为佳，盆土要求疏松、透气，具有一定的颗粒性，并含有少量的有机质。

**分株**：容易出侧芽，可在生长季节将其掰下，晾3~5天，等伤口干燥后直接上盆栽种。

山地玫瑰
的相似品种

## 粉山地玫瑰

粉山地玫瑰未出状态的时候与一般的山地玫瑰没什么区别，叶片紧密排列在一起，形似玫瑰花。但是一旦出状态，就非常惊艳，全株都可以变成粉红色，并由此得名。

## 黄金山地

属于中型品种，为山地玫瑰中的豪门贵族。叶片展开的直径可达 20~25 厘米，叶片黄绿色，表面有一层白粉，所以得名黄金山地。花期为 5~7 月，花奶黄色，花后有大量的种子，同样也可以长出很多侧芽。

肉质叶莲座状排列

叶中间有一条褐色纵纹

边缘有淡黄色晕纹

叶面具淡黄色过度至粉色斑纹

呈鸡冠状扇形排列

### 山地玫瑰养护须知

高温季节休眠，外围叶子老化、枯萎，而中心叶片会紧紧包裹在一起。

# 银波锦属

## 达摩福娘

景天科银波锦属

达摩福娘最大的特点是本身有股甜香味。生长迅速易出侧芽，容易爆盆，但茎秆细弱，多匍匐生长。叶形美观，春、秋季光照充足且温差大时，叶片会变粉红色，叶面没有白粉。与乒乓福娘相似，但后者叶片扁平，叶面有一层白粉，而且茎秆强壮，能长成桩形。

—— 光照充足且温差大时，叶片会变粉红色

—— 有股香甜气息

—— 茎秆细弱，多匍匐生长

| 温度及生长状况 | 光照及浇水 |
| --- | --- |
| 10~18℃萌发期 | 可露养，每日保证 10 小时的光照时间；浇水要循序渐进，保持光照充足 |
| 18~28℃生长旺盛期 | 可露养，每次干透浇透。避免长期雨淋。不需多浇水，保持盆土稍湿润即可。叶表面带有茸毛，生长期要保证较大的空气湿度 |
| <10℃或 >33℃休眠期 | 炎夏中午遮半阴。宁干勿湿。高温时要保持盆土干燥，必要时向植株周围喷雾。冬季进入休眠期后，要禁止浇水，以保持盆土干燥 |

## 新手养护问题

**化水**：对水分需求相对多一些，不过夏季高温时一定要控水，不然很容易化水。

**徒长**：夏季高温闷湿环境下叶片容易拉长，茎秆徒长。

**病害**：夏季定期喷洒防菌虫药，喷药后不要晒太阳，能有效防止黑腐、菌虫。

**摘心**：植株高度超过 20 厘米要摘心，促使其多分枝。

**繁殖**：一般采用枝插法繁殖，叶插繁殖也可以。

达摩福娘的相似品种

## 乒乓福娘

与达摩福娘的区别是,乒乓福娘叶片退化成了扁卵状。叶面有一层白粉,茎秆很细,很难支撑一直向上生长,会慢慢匍匐生长。若光照不足,植株容易徒长,株形松散,茎变得很脆弱。

叶对生,肉质

叶表有一层白粉

形似乒乓球板

## 福娘

与达摩福娘最大的区别就是,福娘的叶呈棒状,灰绿色,上面覆盖白粉,叶尖和叶缘发暗红色。花朵呈红色或橘红色,小花团簇悬垂。喜欢排水良好的土壤,喜阳光,稍耐寒。

叶片及茎干全部覆盖白色茸毛

叶尖圆形

叶片雪白

### 达摩福娘养护须知

达摩福娘对于光照需求不是很大,喜欢凉爽通风的生长环境,生长的适宜温度是 15~25℃,冬季不低于 5℃。

# 熊童子

景天科银波锦属

毛茸茸的株形如同小熊掌一般，翠绿可爱，新奇别致，为多肉界的卖萌明星，深受肉友们喜爱。最好不露养，不喜暴晒及雨淋。喜温暖、干燥和阳光充足环境。不耐寒，夏季需凉爽。每天保证4~5小时光照就足够了。

叶端红褐色

肉质叶比较肥厚

顶部叶缘有爪样齿

叶表绿色，密生白色短茸毛

| 温度及生长状况 | 光照及浇水 |
|---|---|
| 10~18℃萌发期 | 每日保证4~5小时的光照时间。春日萌发期浇水要循序渐进。春、秋季要严格控水，保持光照充足 |
| 18~28℃生长旺盛期 | 可露养，避免雨淋。保证充足的光照。生长期要保证较大的空气湿度。不需多浇水，保持盆土稍湿润即可 |
| <10℃或>33℃休眠期 | 炎夏中午遮半阴。高温时要保持盆土干燥，可向植株周围喷雾。冬季进入休眠期后，要保持盆土干燥 |

## 新手养护问题

**徒长**：若光照不足，肥水过多，都会引起茎节伸长。

**防虫**：将蛋壳脱内膜用小火焙干，再捻碎撒花盆面上可防虫，也可作为花肥。

**修剪**：春季换盆。株高15厘米时，摘心促使分枝。生长过高时需修剪。4~5年后应重新扦插更新。

**休眠**：到休眠期时，其叶片会缩小且会掉叶，这是正常的现象。

**扦插**：春秋季剪取充实的顶端枝，长5~7厘米，插于沙床，插后2~3周生根，成活率高。

熊童子的
相似品种

## 熊童子黄锦

为熊童子的斑锦变异品种。肉质叶比较肥厚，顶部叶缘有爪样齿，叶表绿色，叶面上有宽窄不一的黄色纵纹，叶表密生白色短茸毛。在阳光充足、温差较大的生长环境下，叶端齿会呈现红褐色，活像一只小熊爪。夏末至秋季开红花，花较小。

## 熊童子白锦

为熊童子的斑锦品种。多肉植物出锦其实是一种病态，是植株颜色上的变化，大部分锦斑变异并不是整片颜色的变化，而是叶片或茎部，部分颜色的改变。相比原色来说，植物主体颜色种类更多，更具观赏性，因此也比较受欢迎。熊童子白锦，其实就是熊童子得了白化病。

叶线形

3 叶轮生

适应性极强，不择土壤

茎高 10~20 厘米

叶线形

植株无毛

### 熊童子养护须知

短时间内就可以长成一大片，很容易爆盆。枝条不用修剪，虫害较少，无论地栽、盆栽还是屋顶绿化，都能长得很好看。

# 厚叶草属

叶深绿色被白霜，
叶有纹路

# 千代田之松

景天科厚叶草属

是比较好养的一个品种，无明显病虫害。生长较慢，叶片容易缀化，茎比较短，叶色为深绿色，表面有一层白霜，叶上还带有纹路。光照充足的春、秋季或温差较大时叶片会变红，先端渐尖，边缘具圆角，似有棱。有时还会带上漂亮的紫红色晕。花形像钟，多朵丛生，橙红色的花瓣顶端却是蓝色的。

- 株高 8~10 厘米，株幅 8~12 厘米
- 叶片形似纺锤
- 叶片螺旋状向上排列生长

| 温度及生长状况 | 光照及浇水 |
| --- | --- |
| 10~18℃萌发期 | 适合露养，特别是出品相的春、秋季；需要充足的光照，春日浇水要循序渐进 |
| 18~28℃生长旺盛期 | 可露养，每次干透浇透。生长期的生长也比较缓慢，夏天每个月浇 3~4 次，少量在盆边给水。盆土不宜过湿，每月施稀释饼肥水 1 次 |
| <10℃或 >35℃休眠期 | 炎夏中午用 2 针遮阳网遮阴。宁干勿湿。阴天闷湿环境下要控制浇水；不耐寒。冬天温度低于 3℃就要逐渐少水，0℃以下保持盆土干燥 |

## 新手养护问题

**晒伤：** 夏季高温时生长缓慢，35℃以上休眠，强光时须遮阴，避免晒伤。

**徒长：** 喜光照，光照不足时容易导致茎叶徒长，株形松散。

**换盆：** 每 2 年换盆 1 次，适宜在早春进行，换盆时可剪掉枯叶和过长的须根、腐根及退化根。

**浇水：** 早春和秋季每月浇水 1 次，冬季停止浇水，盆土保持干燥。

**扦插：** 春夏季取茎或叶片扦插繁殖。

千代田之松
的相似品种

# 千代田之松缀化

千代田之松的缀化品种，也就是千代田之松的生长点出现了多个。花秆很高。叶片肥厚圆润，呈圆梭形，紧密排列。叶面光滑有微量白粉，叶片密集于秆的顶端。花朵橙红色，顶端蓝色，非常养眼。

株高 8~10 厘米，
株幅 15~20 厘米

叶片长圆形至披针形

叶片非常密集

# 蓝黛莲

不似千代田之松那般棱角分明，叶片较之略细长，呈略扁的圆柱形，叶片肥厚，叶背有棱线。灰绿色叶片表面覆盖天然霜粉，使其增添了些许灰蓝色的淡雅色调，充足光照后叶尖变为红色。

叶片略扁圆柱形

叶缘圆弧状

覆盖天然白霜

## 千代田之松养护须知

千代田之松非常容易掉叶片，那是因为水分太充足或者换季的时候水分给的太多，轻轻碰叶片就容易掉叶片。

# 星美人

景天科厚叶草属

植株群生。生长初期短茎直立生长,后期茎部逐渐匍匐,甚至下垂,叶色从泛蓝的灰绿色至淡紫色不等,叶表覆盖有一层浓厚的白粉。花序上花朵密集,有花 10~15 朵,颜色为橙红色或淡绿黄色。喜温暖和阳光充足的环境,耐半阴,不耐寒。

株高 10~12 厘米,株幅 30 厘米

叶片肥厚呈倒卵球形

叶丛整体呈莲座状

具短茎

| 温度及生长状况 | 光照及浇水 |
| --- | --- |
| 10~18℃萌发期 | 适合露养,特别是出品相的春、秋季;<br>需要充足的光照,浇水要循序渐进。早春和秋季每月浇水 1 次 |
| 18~28℃生长旺盛期 | 可露养,每次干透浇透。每月施稀释饼肥水 1 次。生长期的生长也比较缓慢,夏天每个月浇 3~4 次,少量在盆边给水。盆土不宜过湿 |
| <10℃或 >33℃休眠期 | 炎夏中午用2针遮阳网遮阴。阴天闷湿环境下要控制浇水,间隔更长。不耐寒。宁干勿湿。冬天温度低于 3℃就要逐渐少水,0℃以下保持盆土干燥 |

## 新手养护问题

**徒长:** 盆土过湿,肉质叶徒长或容易腐烂。

**换盆:** 每 2 年换盆 1 次,春季进行。换盆时要剪除植物基部萎缩的枯叶和过长的须根。

**盆土:** 用腐叶土或泥炭土加粗沙的混合土。也可用蛭石、草炭土的混合土,并适当加入稻壳炭。

**施肥:** 生长期每月施肥 1 次,用稀释饼肥水或用"卉友"15-15-30 盆花专用肥。

**繁殖:** 可在春季播种,发芽适温 19~24℃,或春夏季取茎或叶片扦插繁殖。

星美人的相似品种

# 桃美人

桃美人跟星美人区别是颜色,桃美人植株呈现漂亮的淡紫或淡粉色,星美人是白或淡蓝色。光照不充足时,桃美人的叶片才会变白,与星美人相似。桃美人有粗大的木质茎,侧枝不太长,群生非常漂亮。

叶表覆盖白粉

茎较短

叶片匙形,肉质

# 粉美人

与星美人的区别是,粉美人叶片肥厚,基本没有太明显的叶尖,叶缘圆弧状,叶片粉白色至白粉红色,阳光充足叶片会紧密排列,弱光则叶色浅白,有的叶片会出现不规则的红色锦斑。花秆很高。

环状排列,匙形

叶片肥厚

叶片光滑有大量白粉

## 星美人养护须知

常年需充足阳光,但怕强光暴晒,冬季放在阳光充足处越冬。茎干木质化的老株适合造型盆栽观赏。

# 青星美人

景天科厚叶草属

比较好养，为厚叶草属多肉的栽培品种，株高可达 10~15 厘米。在充足光照下，植株色彩鲜艳有光泽。叶片紧密排列，肥肥厚厚的，表面覆盖了一层白霜，春、秋季光照充足时叶端会出现红点，清新可爱。初夏开花，花开五瓣，非常漂亮。

肉质，肥厚，环状排列

株高 10~15 厘米，株幅 15~20 厘米

被白霜，叶端具红点

叶片长匙形，叶缘圆弧状

| 温度及生长状况 | 光照及浇水 |
| --- | --- |
| 10~18℃萌发期 | 适合露养，特别是出品相的春、秋季；<br>需要充足的光照，春日萌发期浇水要循序渐进 |
| 18~28℃生长旺盛期 | 浇水干透浇透。每月施稀释饼肥水 1 次。生长期的生长也比较缓慢，夏天每个月浇 3~4 次，少量在盆边给水。盆土不宜过湿 |
| <10℃ 或 >33℃休眠期 | 炎夏中午通风遮阴，每个月 3~4 次少量在盆边给水；<br>冬天温度低于 3℃就要逐渐少水，0℃以下保持盆土干燥 |

## 新手养护问题

**掉叶**：换季水分给的太多或者水分太充足易掉叶片，应循序渐进少量给水，就可以避免掉叶片。

**徒长**：生长期盆土过湿，植株易徒长，影响株态。夏季容易徒长，红尖也会消失。

**配土**：青星美人耐旱坚强，喜欢排水、透气性好的土壤。

**"砍头"**："不"砍头"一直养，老杆会长很长，为了植株群生更加漂亮，要及时"砍头"。

**繁殖**：叶插非常容易活，一般丢在土表不管，自然会萌发根系和小叶片。

青星美人的
相似品种

## 月美人

叶肉质椭圆蛋型，茎短。与青星美人很好区分，几乎无叶尖。叶松散排列为近似莲座的形态，叶片粉红色透着浅绿，带少量白粉。

叶肉质椭圆蛋形

带少量粉

叶尖不明显

## 冬美人

较青星美人，叶片稍长，叶尖稍尖，叶缘圆弧状，明显下凹。叶片蓝绿色至灰白色，阳光充足叶片顶端和叶心会轻微粉红，弱光叶片变的窄且长。

叶片稍薄

叶片光滑微量白粉

匙形，有叶尖

### 青星美人养护须知

喜温暖、干燥和光照充足的环境，耐寒性强，宜用疏松、排水透气性良好的土壤。

**129**

# 长生草属
## 大红卷绢

景天科长生草属

为长生草属的一个经典种类，同时也是欧洲高山性多肉植物的代表。植株非常低矮，呈丛生状。叶绿色，叶端密生白色短毛。适合生长在阳光充足、凉爽、干燥的环境中，在温差大且阳光充足的条件下呈紫红色，极富观赏价值。

—— 植株低矮，呈丛生状

—— 叶端密生白色短毛

—— 叶呈放射状生长，尖端微向外侧弯

| 温度及生长状况 | 光照及浇水 |
|---|---|
| 10~18℃萌发期 | 适合露养，需要充足的光照，喜明亮。春秋长光照下，适当控水。定时喷药水，防治菌虫。初次露养要循序渐进适应强光照，南方可全年露养 |
| 18~28℃生长旺盛期 | 浇水不能过勤，干透浇透。谨防土壤长期过湿 |
| <0℃或>30℃休眠期 | 如果一直露养，盛夏可一直放在户外，不用特意遮阴。当温度超30℃时浅休眠，应节制浇水，可在比较凉爽的天气浇透水。能耐低温，如果一直露养，0℃以下也不会冻伤，但长势缓慢甚至停止，此时要断水。一般情况下，应室内养护，温度10℃以上可正常养护，温度降低逐渐减小浇水频率。选择温暖的中午浇水，水温要与室温同 |

## 新手养护问题

**徒长**：土壤水肥过多时徒长，叶片稀疏间距伸长，严重影响观赏性。

**休眠**：夏季没有明显的休眠状态。

**度夏**：夏季强光照时不用特意遮阴，叶片不会灼伤。

**换盆**：每年春季需要换盆翻土1次，盆土要求肥沃、排水透气性良好。

**繁殖**：以扦插或分株繁殖为主。

大红卷绢的相似品种

## 紫牡丹

与大红卷绢极其相似，最大的区别就是大红卷绢叶尖有一小团毛，而紫牡丹没有。紫牡丹叶面轻微有小茸毛，冬季温差大的时候叶片基本是紫红色。对水分需求不大，夏季休眠时一定要严格控水。常用分株法繁殖。

## 凌娟

很好区分。凌娟的红色只分布在叶尖附近的区域，红紫色像染色一样，很有辨识度。叶面密布白色短茸毛，并没有大红卷绢叶尖的那一小团毛。

叶面有小茸毛

叶片蜡质

边缘有小茸毛

叶尖染红色

叶片肉质莲座状排列

密布短茸毛

### 大红卷绢辨认须知

大红卷娟和紫牡丹非常相似。大红卷娟的价格要比紫牡丹高得多，区别它们的最简单的办法是看叶尖是否有一团小毛。

# 蛛丝卷绢

景天科长生草属

生长不慢，非常容易群生，比较耐寒。叶尖有白色的丝，相互缠绕，看起来就像织满了蛛丝的网。开花的样子极其美艳动人，但是开花也代表着它的生命走到了终结。十分耐寒，对高温敏感，夏季休眠期要注意空气流通。

叶片扁平细长

植株较矮，接近球形，贴地而生

叶片环生，呈莲座状

叶尖有白色的丝

| 温度及生长状况 | 光照及浇水 |
|---|---|
| 10~18℃萌发期 | 适合露养，喜明亮长光照。定时喷药水，防治菌虫；初次露养要循序渐进适应强光照，南方可全年露养 |
| 10~28℃生长旺盛期 | 可露养，避免淋雨，浇水干透浇透；浇水不能过勤，谨防土壤长期过湿 |
| <0℃或>30℃休眠期 | 如果一直露养，盛夏可一直放在户外，不用特意遮阴；30℃以上时浅休眠，节制浇水，可在比较凉爽的天气浇透水。能耐低温，如果一直露养，0℃以下也不会冻伤，此时要断水。一般室内10℃以上可正常养护，选择温暖的中午浇水，水温要与室温相同 |

## 新手养护问题

**黑腐**：夏季休眠期要适度遮阴，通风并控制浇水，否则容易黑腐。

**烂心**：平时浇水的时候尽量浇在土里，叶片沾上水分会影响美观，更不要浇到叶心，容易腐烂。

**缀化**：蛛丝卷绢缀化，整个植株呈鸡冠状。

**土壤**：用泥炭土混合珍珠岩加煤渣，比例为1:1:1，表面铺上直径3~5毫米的干净河沙。

**繁殖**：易群生，常用分株法和"砍头"法繁殖。

蛛丝卷绢的
相似品种

## 卷绢缀化

又名卷绢冠,为蛛丝卷绢的缀化品种。叶片倒卵形,密集扁化,看起来很像鸡冠的样子。叶片中绿色,叶尖密被白色蛛网。在充足的光照条件下,叶片顶端容易变红,非常好看。聚伞花序,花淡紫粉色。

## 卷绢锦

为卷绢的斑锦品种,比较耐寒。植株较矮,贴地而生。叶片扁平细长,环生呈莲座型,叶尖有白色的丝,相互缠绕,看起来就像织满了蛛丝的网。但与蛛丝卷绢最大的不同就是,其叶片全部为金黄色。花淡紫粉色。

叶片倒卵形至窄长圆形

肉质肥厚,呈莲座状

蓝绿色,叶端紫红色

叶排列紧密,绿色中带红色

叶无柄,倒卵形

适当的光照会把叶背晒成红色

### 蛛丝卷绢养护须知

千万不要试图帮它打理蛛丝,浇水也要避免淋到叶片上。十分耐寒,对高温敏感,日常养护要注意空气流通。

# 观音莲

景天科长生草属

是近年来销量比较大的多肉植物之一，多肉植物中最常见的品种之一，堪称普货之王。外形就像一朵绽放的莲花，有吉祥之意。多见光照，充分光照下，每三四天把盆转个方向，叶尖和叶缘形成非常漂亮的咖啡色或紫红色，叶色翠绿诱人，但不要暴晒。

叶顶端尖红或紫色

叶缘有白色小茸毛

—— 叶色依品种而不同

—— 叶片扁平，前端急尖

—— 具莲座状叶盘

| 温度及生长状况 | 光照及浇水 |
|---|---|
| 10~18℃萌发期 | 适合露养，喜明亮长光照。定时喷药水，防治菌虫；初次露养要循序渐进适应强光照，南方可全年露养 |
| 18~28℃生长旺盛期 | 可露养，避免淋雨，浇水干透浇透；浇水不能过勤，谨防土壤长期过湿 |
| <10℃或>33℃休眠期 | 盛夏可一直放在户外，不用特意遮阴。30℃以上时浅休眠，可在比较凉爽的天气浇透水。能耐低温 |

## 新手养护问题

**腐烂**：不耐热，夏季休眠期，放在无阳光直射、通风好、雨淋不到的地方，以免腐烂。

**光照**：春、秋季要求有充足的阳光，光照不足会导致株形松散，影响观赏并且易徒长。

**土壤**：可用腐叶土或草炭土、粗沙或蛭石各一半，掺入少量骨粉等钙质材料混匀使用。

**施肥**：一般在天气晴朗的早上或傍晚进行，施肥时不要将肥水溅到叶片上。

**繁殖**：把叶片间长出的小植株剪下，干燥1~2天，栽入土中就会长根成新株。

# 瓦松属

## 瓦松

景天科瓦松属

我国常见野生品种，容易群生。南方有很多房顶都能见到，而北方地区多在山区，山体半坡光照较好的地方较为常见。植株小巧，株形优美，花朵虽小但很繁茂，还是一味能清热解毒的中药。不耐寒。秋季花后植株会慢慢死亡。

顶端有硬尖

花梗长，花白色

株高 30~50 厘米，株幅 15~25 厘米

叶片扁平且长

绿色或灰绿色

| 温度及生长状况 | 光照及浇水 |
| --- | --- |
| 10~18℃萌发期 | 可露养，每日保证 10 小时的光照时间；春日萌发期浇水要循序渐进 |
| 18~28℃生长旺盛期 | 可露养，生长期可每月施稀薄钾肥 1 次。耐干旱，春、秋季生长期盆土保持稍湿润即可。土壤干 75%即可浇水。每次干透浇透 |
| <10℃或 >33℃休眠期 | 可露养，炎夏中午遮半阴。夏季高温时休眠，盆土保持稍干燥，冬季保持盆土稍干燥即可。宁干勿湿 |

## 新手养护问题

**腐烂**：为了避免烂根，要做到宁干勿涝，控水控肥。

**土壤**：盆底垫石砾 3 厘米，中间铺营养土 3 厘米，上面铺粗河砂 2 厘米。

**容器**：用小塑料盒做容器，下面装一半营养土，上面装一半粗河沙，栽上瓦松。

**开花**：春季移栽，应选越冬后的密集莲座状叶丛，成活后当年可开花。

**繁殖**：主要是靠种子自播繁殖，植株死亡后，来年就会自己生出新植株。

# 子持莲华

景天科瓦松属

植株小巧秀气，株形精致美观，非常容易生出小苗，常能覆盖整个花盆。叶片圆形或卵圆形，花星状，花瓣白色。非常喜欢阳光，但是夏季光照过强时也要适当遮阴，尤其是夏季暴雨后的强光，可能会给子持莲华带来致命的伤害。刚买回的盆栽植株摆放在有纱帘的窗台，不要摆放在荫蔽、通风差的场所。

—— 株高 5 厘米，株幅 10~15 厘米

—— 匍匐茎放射状蔓生

茎纤细，褐色，多分枝

叶被白粉，叶表面灰蓝绿色

| 温度及生长状况 | 光照及浇水 |
| --- | --- |
| 10~18℃萌发期 | 可露养，每日保证 10 小时的光照时间；春日萌发期浇水要循序渐进 |
| 18~28℃生长旺盛期 | 可露养，生长期可每月施稀薄钾肥 1 次。耐干旱，浇水稍多会促进其生长，但是外形也会变得舒展，适当控水外形会变得像玫瑰一样美丽。每次干透浇透 |
| <10℃或 >33℃休眠期 | 可露养，炎夏中午遮半阴。夏季高温时休眠，盆土保持稍干燥，冬季保持盆土稍干燥即可。宁干勿湿 |

## 新手养护问题

**换盆**：每年春季换盆。盆土用腐叶土、培养基和粗沙的混合土，加少量骨粉。

**徒长**：子持莲华很容易徒长。徒长之后，株形松散，叶茎拉长。

**施肥**：较喜肥，生长期每月施肥 1 次。

**防虫**：少量蚧壳虫可捕捉灭杀，量多时用50%氧化乐果乳油1 000倍液喷杀。

**繁殖**：种子成熟后播种，发芽适温 13~18 ℃。或者春季分株繁殖，可结合换盆进行。

子持莲华的
相似品种

# 子持白莲

叶片比子持莲华短小厚重。会像子持莲华一样从母株的叶下长出很多的侧枝，看起来有点杂乱无章。虽然是微型的品种，侧枝生长迅速，一旦群生起来也是很大的。

叶片表面有淡淡的白粉

叶尖微微泛红

叶片短圆

# 山地玫瑰

不像子持莲华那样长侧芽，叶片层层包被像玫瑰花一样。叶色有灰绿、蓝绿或翠绿等。叶缘有"睫毛"，株幅依品种的不同而差异很大。

肉质叶互生，莲座状排列

叶片翠绿

叶缘有"睫毛"

### 子持莲华养护须知

如果叶片包裹起来了就是进入了休眠期，要注意减少浇水的量。冬季低温休眠，比较耐寒，放在室外雪天冰冻也无妨。

# 景天属
## 铭月

景天科景天属

不同的养护条件会让铭月呈现不同的颜色和外形，不同的光照环境下也会呈现出完全不同的颜色。阳光充足，叶片边缘呈金黄色或橘黄色；光照强烈，全株呈橘黄或橘红色；光照不足，叶片呈绿色。喜阳光充足，也耐半阴。夏季遮阴以防灼伤；冬季气温不要低于10℃。

株高 10~30 厘米，株幅 15~30 厘米

叶对生，莲座状排列

分支较多，呈丛生状

茎直立，长大后呈匍匐状

| 温度及生长状况 | 光照及浇水 |
|---|---|
| 10~18℃萌发期 | 可露养，每日保证 10 小时的光照时间；春日萌发期浇水要循序渐进 |
| 18~28℃生长旺盛期 | 可露养，耐干旱，生长期盆土保持稍湿润即可。秋季严格控水，保证充足的阳光，叶片会由绿转红。可每月施肥 1 次 |
| <10℃或 >33℃休眠期 | 炎夏适当遮阴，时间不要过长。严格控水通风，保持土壤稍干燥。不耐寒，冬季10℃以上，保持盆土稍湿润，保证充足的光照，才能安全过冬 |

## 新手养护问题

**烂根**：种植时最好使用疏松透气的沙质土，否则容易烂根。可以用肥沃园土和粗沙的混合土。

**病害**：发生炭疽病危害时，用50% 托布津可用湿性粉剂 500 倍液喷洒。

**换盆**：每 2~3 年换盆 1 次，春季进行。长高时需修剪整形。

**施肥**：全年施肥2~3 次，施肥过多会造成叶片疏散、柔软，姿态欠佳。

**扦插**：全年都可扦插，以春、秋季扦插最好。剪取顶端枝，长 5~7 厘米，稍晾干后插入沙床。

铭月的
相似品种

## 黄丽

铭月和黄丽很容易混淆，二者的区别主要看叶片，铭月比黄丽的叶片更细长一些。长期生长于阴凉处时叶片呈绿色，充足的阳光会使其叶片边缘变成漂亮的偏红金黄色。

## 乔伊斯·塔洛克

乔伊斯·塔洛克很皮实，也很容易群生，乔伊斯塔洛克是一个相对较新的直立景天混合红色茎，叶片呈有光泽的绿叶，温差大容易成为充满阳光明亮的红色。 开白色花，花期一般为四月至五月，如果光照少则容易常绿。

叶片顶端有
小尖头

茎较短

肉质叶排列紧密

高 5~10 厘米

叶交互对生或轮生

莲座状排列

### 铭月养护须知

超过 2 年易垂吊，可断水使枝干木质化。耐干旱。生长期适度浇水，盆土保持稍湿润。北方干燥环境下，土壤干透 70% 即可浇水。

# 虹之玉

景天科景天属

外形似葡萄，阳光下晶莹剔透，因颜值够高受到肉友们青睐。叶中绿色，顶端淡红褐色，阳光下转红褐色，艳丽非凡。夏季高温强光时，适当遮阴，但遮阴时间不宜过长，否则茎叶柔嫩，易倒伏。秋季气温降低，可置于阳光充足处，肉质叶片逐渐变为红色，人为降温可提高观赏价值。

株高 24 厘米，株幅 20 厘米

表皮光亮，无白粉

肉质叶呈亮绿色，叶片倒长卵圆形

| 温度及生长状况 | 光照及浇水 |
|---|---|
| 10~18℃萌发期 | 可露养，每日保证 10 小时的光照时间；春日萌发期浇水要循序渐进 |
| 18~28℃生长旺盛期 | 可露养，不宜大水，见干浇水且浇透。秋季严格控水，保证充足的阳光，叶片会由绿转红。可每月施肥 1 次 |
| <10℃或 >33℃休眠期 | 炎夏遮阴，严格控水通风，保持土壤稍干燥。不耐寒，冬季 10℃以上，保证充足的光照，才能安全过冬 |

## 新手养护问题

**腐烂**：栽培环境的空气湿度较高而造成，必须加强通风，以防湿度过大导致茎叶腐烂。

**徒长**：土壤水肥过多，或光照不足时，叶片变绿，节间伸长，叶片稀疏。

**扦插**：全年皆可进行，极易成活，以春、秋季为好，剪取顶端叶片紧凑的短枝进行扦插。

**换盆**：春季换盆，盆土用肥沃园土和粗沙的混合土，加入少量腐叶土和骨粉。

**度夏**：夏季高温强光时，适当遮阴，但遮阴时间不宜过长，否则茎叶柔嫩，易倒伏。

虹之玉的
相似品种

## 虹之玉锦

虹之玉锦叶片有花纹，白粉色，出状态呈粉红色，不出状态时因缺少叶绿素所以偏白。而虹之玉不出状态时呈绿色，表皮光亮、无白粉，在阳光充足的条件下转为红褐色。

叶长圆形，先端圆

叶面光滑红润

## 红色浆果

新引进小型或微型杂交品种。株形与虹之玉有些相像，但株形更细小，叶片更紧凑密集，一颗颗晶莹剔透的圆形、椭圆形的叶片(小浆果)轮生、聚拢在一起，很像一串袖珍的葡萄，十分可爱，红色浆果的颜色也相当丰富，有果冻色、鲜红色、粉红色、褐紫色、青绿等。

叶紧密排列

容易群生，
适合垂吊种植

### 虹之玉养护须知

怕水湿，耐干旱。趋光性强，要经常转盆，以使株形好看。栽培过程中要少搬动，肉质叶易碰撞掉落。

# 八千代

景天科景天属

叶淡绿色或淡灰蓝色，先端具红色，在阳光充足的条件下叶先端呈橙色或橙黄色，在春、秋季节或温差较大、阳光充足的环境下尤为明显。老株或植株生长不良时，茎下部叶片萎缩或脱落，并长出气生根。喜温暖、干燥和阳光充足的环境，不耐寒，怕强光暴晒，耐半阴。

株高 30 厘米，株幅 20 厘米

分枝较多，叶片簇生于茎顶

叶长 3~4 厘米

叶圆柱形，表面光滑

| 温度及生长状况 | 光照及浇水 |
|---|---|
| 10~18℃萌发期 | 可露养，每日保证 10 小时的光照时间；春日萌发期浇水要循序渐进 |
| 18~28℃生长旺盛期 | 可露养，耐干旱，生长期盆土要湿润。秋季严格控水，保证充足的阳光，叶片会由绿转红。可每月施肥 1 次 |
| <10℃或 >33℃休眠期 | 炎夏适当遮阴，时间不要过长。严格控水通风，保持土壤稍干燥。不耐寒，冬季 10℃以上，保持盆土稍湿润，保证充足的光照，才能安全过冬 |

## 新手养护问题

**腐烂**：过度潮湿容易腐烂，最好选用底部带排水孔的花盆，比如透气性良好的红陶盆。

**施肥**：秋季可施肥，但要控制施肥量，避免植株徒长，引起茎部伸展过快和叶片柔弱。

**多气根**：老株或生长不良时茎下部叶易脱落或萎缩，并有很多气生根出现。

**播种**：在 4~5 月进行，种子细小，播种后不用覆土，发芽适温为 18~24℃，播后 7~10 天发芽。

**扦插**：全年可进行，以春秋季为好。剪取充实饱满叶片或长 5~7 厘米顶枝进行扦插。

八千代的相似品种

## 乙女心

与八千代很像，很多肉友误把乙女心当成八千代卖，其实还是非常好辨认的。乙女心白色偏绿，有霜，叶尖红，叶片中心新芽形状短圆，八千代是长卵圆形。乙女心枝干有新的生长点，叶片比八千代长。

叶子淡绿色

有霜

## 千佛手

株高 15~30 厘米，株幅 20~30 厘米。叶片纺锤形，青绿色，镶嵌白色斑点。千佛手的株形和叶片十分优美，盆栽点缀书桌、窗台、几案，青翠光亮，显得十分清雅别致。聚伞花序，花星状，黄色，春、夏季开花。与八千代最大的区别就是，叶子有尖头。

叶片肥厚

叶片长卵形

叶片密集排列在枝干的顶端

### 八千代养护须知

在温度适宜的情况下最好在室外露养，这样叶片才容易出颜色。成型盆栽要少搬动，以防止碰伤脱落，3~4 年后需重新扦插更新。生长期盆土保持稍湿润。

# 姬星美人

景天科景天属

为小型多肉品种，是最常见的护盆草，很好养。似翡翠的叶片在阳光照射下非常鲜艳美丽。非常容易群生，长成满满的一盆。喜光照，在散射光条件下肉质叶晶莹碧绿，非常漂亮。在光照充足、温差较大的春、秋季，叶片呈粉色，且茎干生长，变高。

株高 5~10 厘米，叶长 2 厘米

叶膨大互生，倒卵圆形

茎多分枝

叶片肉质

| 温度及生长状况 | 光照及浇水 |
|---|---|
| 10~18℃萌发期 | 可露养，每日保证 10 小时的光照时间；春日萌发期浇水要循序渐进 |
| 18~28℃生长旺盛期 | 可露养，耐干旱，生长期盆土保持湿润。秋季严格控水，保证充足的阳光，叶片会由绿转红。可每月施肥 1 次 |
| <10℃或 >33℃休眠期 | 炎夏适当遮阴，时间不要过长。严格控水通风，保持土壤稍干燥。不耐寒，冬季 10℃以上，保持盆土稍湿润，保证充足的光照，才能安全过冬 |

## 新手养护问题

**倒伏**：萌蔽时间较长，茎叶柔嫩，植株易倒伏，所以最好放在阳光充足处养护，并保持盆土干燥。

**施肥**：秋季可施肥 1~2 次，但要控制施肥量，避免植株徒长，引起茎部伸展过快和叶片柔弱。

**枝插**：全年可进行，在春、秋季极易成活。剪去顶端短枝，晾 1~2 天后，插入拌潮的土壤中。

**土壤**：姬星美人适宜选择肥沃、疏松和排水良好的沙质土壤。

**修剪**：对生长过密的植株进行疏剪，2~3 年后需重新扦插更新。每年可换盆 1 次，宜在早春进行。

姬星美人的
相似品种

# 旋叶姬星美人

与姬星美人很像，都
是叶片袖珍的品种。但是
本种小叶常年蓝绿色，叶片
上密布小凹点，而且交互环
生，非常有特点。它非常好
养，容易长侧芽群生，枝干
伸展后低垂或匍匐。

小叶常年蓝绿色 ———

叶片上密布小凹点 ———

叶交互环生 ———

# 新玉缀

叶片不弯曲，有点像米粒，叶片包
裹着枝条呈现一种螺旋状成长。叶片不
会张开呈花状，极易掉落，稍微用力就
掉。叶子会长成长长的一条，叶片不弯
曲，植株匍匐生长，亦可悬挂栽培，强光
下叶片生长致密，株形更加美观。

叶表有一层薄薄的白粉

叶端圆形

茎长度约 15 厘米

## 姬星美人养护须知

发生倒伏的姬星美人，需增加光
照，减少浇水，才能逐渐恢复。较耐
干旱，盆土较干燥也能成活，很好养。

# 球松

景天科景天属

球松为小型品种，整个植株看上去酷似缩微版的松树，繁殖和养护都比较容易。植株低矮小巧，株形紧凑，近似球状。全年常绿，郁郁葱葱。老叶干枯后贴在枝干上，形成类似松树皮般的龟裂，很久才脱落。喜欢凉爽干燥、阳光充足的环境，耐5℃低温。夏季要适当遮阴，冬季在室内越冬。

植株矮小，株形紧凑

株高8~10厘米，株幅8~10厘米

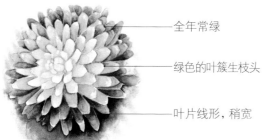

全年常绿

绿色的叶簇生枝头

叶片线形，稍宽

| 温度及生长状况 | 光照及浇水 |
| --- | --- |
| 10~18℃萌发期 | 可露养，每日保证10小时的光照时间；春日萌发期浇水要循序渐进。避免淋雨 |
| 18~28℃生长旺盛期 | 可露养，耐干旱，生长期盆土保持稍湿润。秋季严格控水，保证充足阳光。每月施肥1次 |
| <10℃或>33℃休眠期 | 炎夏适当遮阴。严格控水通风，保持土壤稍干燥。不耐寒，冬季保持盆土稍湿润，保证充足的光照 |

## 新手养护问题

**施肥**：为保持良好造型，最好不另外施肥，否则茎伸长过快，叶片不密集，反而有损形态。

**修剪**：换盆时将过长的老根剪短可促发健壮的新根。

**土壤**：用一般透气性能好的土壤均可种植，花盆不宜太大。

**发黄**：盛夏及初冬季节，叶会发黄，或霜降后基部针叶陆续变黄，这是正常的新陈代谢现象。

**扦插**：春秋把发育充实的小枝剪下来插在盆土中，10天左右生根。

# 薄雪万年草

景天科景天属

生长迅速，容易爆盆，生长期如有充分的光照和水肥，会生长迅速。秋季在光照充足和温差大时，叶片转变为粉红色。生长期可放在室外露养，以使得株形紧凑美观。冬季置于室内光照充足处，严格控水，保持土壤不冻结即可。夏季高温时要通风良好，避免闷热潮湿的环境。

—— 叶呈棒状

—— 外表被有白色的蜡粉

—— 叶片密集生在茎部顶端

| 温度及生长状况 | 光照及浇水 |
| --- | --- |
| 10~18℃萌发期 | 可露养，每日保证 10 小时的光照时间。春日萌发期浇水要循序渐进。避免淋雨 |
| 18~28℃生长旺盛期 | 可露养，耐干旱，生长期盆土保持稍湿润即可。秋季严格控水，保证充足的阳光。可每月施肥 1 次 |
| <10℃或 >33℃休眠期 | 炎夏适当遮阴，时间不要过长。严格控水通风，保持土壤稍干燥。宁干勿湿。不耐寒，冬季 10℃以上，保持盆土稍湿润，保证充足的光照 |

## 新手养护问题

**不定根**：茎部常匍匐生长，接触地面后容易生长不定根。

**分盆**：生长过密时要进行分盆，以保持株形的美观。茎较脆易断，换盆时应小心。

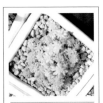

**变种**：黄金薄雪草是薄雪万年草的自然变种，非常常见。

**土壤**：适合选择排水、透气性好的土壤。

**不宜拼盆**：因为它爆盆太快，易喧宾夺主，所以宜单独种植。

# 婴儿手指

景天科景天属

婴儿手指是比较好养的一个品种，叶片嫩粉色，像婴儿的手指粉粉嫩嫩的，由此得名。在强烈的阳光下，叶端会被晒成粉红色。阳光充足时，叶片紧密排列；弱光则叶色浅绿，叶片变的细且长，叶片间的间距会拉长。比较耐寒冷，室温最好不要低于3℃，否则容易冻伤。

—— 叶片肥厚

—— 叶表有微量白粉

叶圆柱形

叶片圆润光滑

| 温度及生长状况 | 光照及浇水 |
|---|---|
| 10~18℃萌发期 | 可露养，每日要10小时的光照时间。叶片含水量极高，耐旱时间长。避免淋雨，春日萌发期浇水要循序渐进 |
| 18~28℃生长旺盛期 | 可露养，生长期不需要太频繁浇水，每周浇水1次，每月施肥1次 |
| <10℃或>33℃休眠期 | 炎夏适当遮阴，时间不要过长。严格控水通风，保持土壤稍干燥。不耐寒，冬季3℃以上，保持盆土稍湿润，保证充足的光照，才能安全过冬 |

## 新手养护问题

**土壤**：婴儿手指喜欢疏松、排水透气性好的土壤。

**病害**：较少病害，偶尔会发生叶斑病和茎腐病，基本都是环境闷湿造成的。

**过冬**：冬季尽量少浇水，并将温度保持在3℃以上。

**"砍头"**：容易长侧枝，不"砍头"的活，植株的老杆会长高，"砍头"则会萌发侧芽，群生后很漂亮。

**繁殖**：通常采取扦插法，茎插、叶插均可。茎插注意不要损伤叶片。

婴儿手指的
相似品种

## 红手指

与婴儿手指长得比较像，但是婴儿手指叶子更多，更密集；而红手指叶子稀少，但更肥厚、饱满。花开 5 瓣，非常漂亮，初夏开花。

叶片环状互生
叶片光滑有微量白粉
叶片长圆形

## 千佛手

比婴儿手指的叶片长很多。开花的样子非常别致，刚开始被绿色叶子所保护，叶子张开才露出花苞，多在春夏季开放，花为黄色。

叶互生
覆瓦状排列
叶面稍有白粉

### 婴儿手指养护须知

水分太充足容易掉叶，因此要少浇水，或者循序渐进地给水，就可以尽量避免掉叶。掉的叶饱满的都可叶插，丢在土表就可以自然萌发根系，成为独立的小植株，非常容易活。

# 信东尼

景天科景天属

小型品种，分长毛和短毛两种。信东尼叶片布满茸毛，易沉淀灰尘，所以最好不要室外露养。它喜欢凉爽，春、秋季可以生长得非常好。它非常怕热，夏天特别注意，要通风凉爽，而且保持培养基疏松、排水良好。光照过强时还要遮阴约 60%，并严格控水。

— 无叶尖

— 叶色常年绿色

— 肉质叶排成紧密的莲座状

叶片广卵形至散三角卵形

叶面上布满白色茸毛

| 温度及生长状况 | 光照及浇水 |
|---|---|
| 10~18℃萌发期 | 可露养，每日保证 10 小时的光照时间；春日萌发期浇水要循序渐进。避免淋雨 |
| 18~28℃生长旺盛期 | 可露养，耐干旱，生长期盆土保持稍湿润即可。秋季严格控水，保证充足的阳光。可每月施肥 1 次 |
| <10℃或 >33℃休眠期 | 炎夏严格控水通风，保持土壤稍干燥。宁干勿湿。不耐寒，冬季 10℃以上，保持盆土稍湿润，保证充足的光照 |

## 新手养护问题

**徒长**：光照不足时，叶色浅嫩绿，叶片拉长。接受充足光照后，株形才会更紧实美观。

**浇水**：季节变化的时候，浇水需谨慎，尽量少点，避免大水引起植株的腐烂。

**冻伤**：在室内盆土干燥时能耐 -2℃左右的低温，温度再低，叶片就会被冻伤。

**土壤**：喜欢疏松、排水透气性好的土壤，可以加少量的稀释肥。

**侧芽**：信东尼会长很多的小侧芽，侧芽长大，就可以取下扦插。

# 马齿苋科马齿苋属

## 雅乐之舞

马齿苋科马齿苋属

雅乐之舞是金枝玉叶的斑锦变异品种。新叶的边缘有粉红色晕，随着叶片的长大，红晕逐渐后缩，最后在叶缘变成一条粉红色细线，直到完全消失。叶片大部分为黄白色，只有中央的一小部分为淡绿色。喜阳光充足、温暖干燥、通风良好的环境。

茎粗壮，红褐色，老茎灰白色

株高 1~2 米，株幅 50~80 厘米

叶缘具黄斑及红晕

叶交互对生

| 温度及生长状况 | 光照及浇水 |
| --- | --- |
| 10~18℃萌发期 | 可露养，每日保证 10 小时的光照时间。春日萌发期浇水要循序渐进 |
| 18~28℃生长旺盛期 | 可露养，生长期要保持盆土湿润，但要求不要过湿；夏季高温时，可向盆周围喷雾，增加空气湿度 |
| >33℃休眠期 | 适合闷养。夏季高温时可向盆周围喷雾，增加空气湿度。宁干勿湿。冬季温度保持不低于 10℃ |

## 新手养护问题

**休眠**：全年都在生长，夏季高温时会短暂休眠。

**盆土**：用腐叶土、肥沃园土和粗沙的混合土，加少量的过磷酸钙。

**施肥**：每 2 个月施肥 1 次，用稀释饼肥水或"卉友" 15-15-30 盆花专用肥。

**换盆**：每年春季换盆。换盆时，剪除过长和过密的茎节，保持茎叶分布匀称。

**繁殖**：主要用扦插法，以春、秋季为好，剪下一段埋入土中即可生根，容易成活。

# 回欢草属

## 吹雪之松

马齿苋科回欢草属

叶片嫩绿似翡翠，茎部叶腋间生长出白色丝毛，如同蜘蛛网状。顶端叶片似莲花展开，叶面厚实。花单生，淡粉红色，仅在阳光下开花。夏季高温强光时应适当遮阴，严格控水，注意通风良好。属于浅根性多肉植物，可选用稍浅一点的花盆栽种。

植株匍匐生长

叶片肥厚，螺旋状对生，叶尖外弯

| 温度及生长状况 | 光照及浇水 |
|---|---|
| 10~18℃萌发期 | 可露养，每日保证10小时的光照时间；春日萌发期浇水要循序渐进 |
| 18~28℃生长旺盛期 | 可露养，见干见湿。生长期要保持盆土湿润，但要求不要过湿。夏季高温时，可向盆周围喷雾，增加空气湿度 |
| <10℃或>33℃休眠期 | 温度越高，越适合闷养。炎夏中午遮半阴。夏季高温时可向盆周围喷雾，增加空气湿度。宁干勿湿。冬季温度保持不低于10℃可越冬 |

倒卵状圆形，长2~3厘米

株高3~5厘米，株幅8~10厘米

## 新手养护问题

**盆土**：盆栽土可用腐叶土和粗沙的混合土，或者用草炭土、粗沙、蛭石的混合土。

**花盆**：浅根性植物，选用稍浅一点的花盆，盆栽时花盆底部加瓦片，要求排水好。

**休眠**：冬季低温、夏季高温时，会处于半休眠状态，需要控制浇水，盆土稍干燥。

**施肥**：可适当施薄肥或用"卉友"15-15-30盆花专用肥。

**繁殖**：常用枝插和播种法繁殖。

# 春梦殿锦

马齿苋科回欢草属

吹雪之松的斑锦品种，长得不慢，叶面绿色、黄色、红色间杂，颜色绚丽。夏天是花期，开漂亮的粉红色花，能够自花结果。喜欢阳光充足的环境，但夏季要适度遮阴，通风良好。冬季在室内阳光充足的窗台养护。相比其他植物，耐冻性能还是可以的。

叶面厚实

叶长约 2 厘米

叶片倒卵形

株高 5 厘米，株幅 10 厘米

顶端叶片似莲花展开

| 温度及生长状况 | 光照及浇水 |
|---|---|
| 10~18℃萌发期 | 可露养，每日保证 10 小时的光照时间；春日萌发期浇水要循序渐进 |
| 18~28℃生长旺盛期 | 可露养，见干见湿。浇水不宜多干透浇透，保持稍干燥。天气干燥时向盆周喷雾 |
| <10℃或 >33℃休眠期 | 温度越高，越适合闷养。炎夏中午遮半阴。夏季高温时可向盆周围喷雾，增加空气湿度。宁干勿湿。冬季 -3℃严格控水保持盆土干燥，0℃以上可适当给水 |

## 新手养护问题

**播种:** 4~5月采用室内盆播，发芽室温为 20~25℃，播后 15~21 天发芽，幼苗生长较快。

**徒长:** 喜欢阳光充足的环境，但光线不足时,茎会徒长，失去可爱的株形。

**种子:** 有白色胞衣，很轻，注意收获的时候不要掉了。

**花盆:** 选用稍浅的花盆。配土用腐叶土、河沙的混合土,生长期每月施肥 1 次。

**温度:** 温差在 15~28℃这个适宜温差范围内，春梦殿锦会变红。

# 银蚕

马齿苋科回欢草属

别名白龙鳞，原产南非。为矮小的葡匐性多肉植物，短茎肥大，肉质，丛生细圆形分枝，绿白色。叶片细小，似鳞片，螺旋状密包小枝。有托叶，托叶为丝状毛，着生在叶基部。花单生，绿白色。花期极短，有些品种仅开1小时。

肉质茎基部膨大，呈块茎状

株高4~5厘米，株幅8~10厘米

块根肥大，丛生分枝状的小枝，银白色

叶片极小，似鳞片密包小枝

| 温度及生长状况 | 光照及浇水 |
|---|---|
| 10~18℃萌发期 | 可露养，每日保证10小时的光照时间；春日萌发期浇水要循序渐进 |
| 18~28℃生长旺盛期 | 可露养，见干见湿。生长期要保持盆土湿润，但要求不要过湿。天气干燥时向花盆周围喷雾，不要向茎叶喷水 |
| <10℃或>33℃休眠期 | 温度越高，越适合闷养。炎夏中午遮半阴。夏季高温时可向盆周围喷雾，增加空气湿度。宁干勿湿。冬季室温低，盆土保持干燥 |

## 新手养护问题

**土壤：** 透气的泥炭土加浮石混合点珍珠岩，表面铺上颗粒状的河沙，这样很透气。

**施肥：** 每月施肥1次，用稀释饼肥水或用"卉友"15-15-30盆花专用肥。

**换盆：** 换盆后有一段发根适应期，长新根会顶高切锦，可用河沙覆盖。

**扦插：** 5~6月剪取健壮的顶端茎3~4厘米，稍晾干后插于沙床，土壤稍干燥。

**播种：** 4~5月采用室内盆播，发芽室温为20~25℃，播种后15~21天发芽。

# 百合科十二卷属

## 琉璃殿

百合科十二卷属

深绿色，叶片排列向一个方向偏转，似风车一般。有无数同样颜色的横条凸起在叶背上，酷似一排排的琉璃瓦。白花有绿色中脉。喜明亮的散射光，否则叶色发红。耐寒性好，冬季温度不低于5℃即可安全越冬。

—— 叶片卵圆三角形

—— 呈顺时针螺旋状排列，正面凹，背面圆突

—— 叶面呈瓦棱状

呈明显的龙骨状

| 温度及生长状况 | 光照及浇水 |
| --- | --- |
| 10~18℃萌发期 | 放在室内有散射光处养护。根系发达，最好选用深盆种植。在适温范围内适合闷养，以造就空气湿度较大的环境，但南方空气湿度较大时，可以不闷养 |
| 18~28℃生长旺盛期 | 放在室内有散射光处养护。生长期需要长光照。不论什么季节，当光照晒得皮肤稍烫时，可用3针或更密的遮阳网遮阴。耐干旱但不喜长期干旱，要保持盆土稍湿润 |
| <5℃休眠期 | 越冬放置于室内阳光充足处。盛夏高温时遮阴，通风，向植株周围喷雾以增加空气湿度。冬季应严格控水，多给光照 |

## 新手养护问题

**花盆:** 每年早春翻盆换土1次，花盆的直径稍大于植株的最大直径。

**盆土:** 用腐叶土和粗沙的混合土，加入少量干牛粪和骨粉。

**休眠:** 夏季高温期生长缓慢，无明显休眠特征。冬季室温5℃以下停止生长。

**分株:** 春季将母株旁生的幼株分栽，刚盆栽浇水不宜多，以免影响根部恢复。

**琉璃殿锦:** 有深浅不一、宽窄不等的黄色纵条纹。

# 条纹十二卷

**百合科十二卷属**

条纹十二卷是十二卷属中较为易活易养的品种，硬质叶，叶片肥厚坚硬。喜温暖、干燥和明亮光照。不耐寒，耐半阴和干旱，怕水湿和强光。冬季和盛夏是半休眠期。夏季光线过弱还会导致叶片退化缩小。

具白色疣状突起，排列成横条纹。

株高 10~15 厘米，株幅 15~20 厘米

叶片三角状披针形

叶面扁平

叶背凸起，呈龙骨状

| 温度及生长状况 | 光照及浇水 |
|---|---|
| 10~18℃萌发期 | 对光照需求不多，要放在室内有散射光处养护。根在适温范围内适合闷养，以造就空气湿度较大的环境，但南方空气湿度较大时，可以不闷养 |
| 18~28℃生长旺盛期 | 生长期需要长光照。不论什么季节，当光照晒得皮肤稍烫时，可用 3 针或更密的遮阳网遮阴 |
| <10℃ 或 >33℃ 休眠期 | 盛夏高温时遮阴通风，向植株周围喷雾以增加空气湿度。冬季应严格控水，多给光照。宁干勿湿 |

## 新手养护问题

**腐烂：**冬天盆土过湿，易引起根部腐烂和叶片萎缩。生长期保持盆土稍湿润。

**土壤：**对土壤要求不严，以肥沃、疏松的沙壤土为宜。由于根系浅，以浅栽为好。

**修剪：**每年 4~5 月换盆时，剪除植株基部萎缩的枯叶和过长的须根。

**分株：**全年可进行，4~5 月换盆时，把母株旁生的幼株剥下，直接盆栽。

**扦插：**5~6 月切肉质叶片，基部带上半木质化部分，稍晾干插入沙床，20~25 天生根。

条纹十二卷
的相似品种

# 鹰爪

与条纹十二卷相比,鹰爪叶数多,呈抱茎状态,起初叶直立,后稍张开。花小,粉白色,中肋褐绿色。

中央具少数白色
星粒,背面凸状

# 天使之泪

因叶面上的白色疣突如同流动的泪珠而得名,为大型硬叶多肉植物。植株无茎,成型的植株有 7~8 片肉质叶。叶厚实,呈三角锥形,螺旋状排列成莲座形,深绿色,叶表有大而凸起的白色瓷质疣突,叶背的疣突较叶面多,有点状、纵条状等形状。小花灰白色带绿条纹。

株高 10~15 厘米,
株幅 4~5 厘米

叶排列成圆筒状

叶面上部平稍凸

层层塔状排列

叶面遍布白点

颜色浓绿色

条纹十二卷养护须知

耐干旱,需严格控制水分,否则容易腐烂。生长期保持盆土湿润,冬季和盛夏半休眠期要严格控制浇水,空气过于干燥时,可喷水增加湿度。可水培,水培时根不要全部浸入水中。

# 玉露

百合科十二卷属

玉露植株玲珑小巧，种类丰富，叶色晶莹剔透，富于变化，如同工艺品，非常可爱，是近年来人气较旺的小型多肉植物品种之一。叶片上半段呈透明状或半透明状，称为"窗"。喜温暖、干燥和明亮光照的环境。不耐寒。需要半阴养护。

叶末端膨大

叶片三角状披针形

叶尖"窗"部透明

形似水晶

| 温度及生长状况 | 光照及浇水 |
| --- | --- |
| 10~18℃萌发期 | 对光照需求不多，要放在室内有散射光处养护。在适温范围内适合闷养，以造就空气湿度较大的环境，但南方空气湿度较大时，可以不闷养 |
| 18~28℃生长旺盛期 | 生长期需要长光照。不论什么季节，当光照晒得皮肤稍烫时，可用3针或更密的遮阳网遮阴 |
| <10℃或>33℃休眠期 | 夏季遮阴，不怕高湿环境，湿度越大越有利于生长，不过要适当通风不能太闷。冬季应严格控水，多给光照 |

## 新手养护问题

**盆土**：每年春季换盆时，清理叶盘下萎缩的枯叶和过长的须根。盆土须加大颗粒植料的比例。

**休眠**：在夏季高温下会休眠，表现为叶片光泽度下降。

**花剑**：玉露开花会消耗母株能量，因此建议减掉花剑。

**播种**：春季采用室内盆播，发芽适温21~24℃，播后2周发芽。

**分株**：全年均可进行，常在春季4~5月换盆时，把母株周围幼株分离，盆栽即可。

玉露的
相似品种

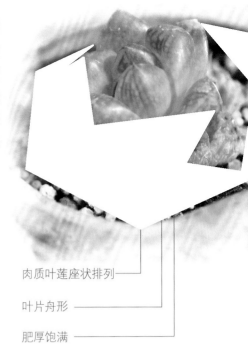

## 姬玉露

顶端无毛，叶片有深色的线状脉纹，叶边有刺，尖端窗体肥大呈圆头状，透明或半透明状，窗很大很透，而且不是尖尖的。在阳光较为充足的条件下，脉纹褐色。

肉质叶莲座状排列

叶片舟形

肥厚饱满

## 草玉露

小巧可爱，不会长的很大，却很容易形成群生的姿态。叶片与玉露相比没有那么晶莹透亮、圆润。叶尖有一根细小的尖毛。

肉质叶莲座状排列

叶片半椭圆状

### 玉露养护须知

生长期盆土保持稍湿润。闷热不通风根易腐烂；光照过强易晒伤。秋季叶片恢复生长时，盆土保持稍湿润。冬季严格控制浇水。

**159**

# 沙鱼掌属
## 子宝锦

百合科沙鱼掌属

叶片深绿色,叶面光滑。花茎由叶舌根部伸出,长可达20~25厘米,花较小,管状,橙红色。喜温暖、干燥和阳光充足环境,以及半阴、通风良好的地方,过多的光照会使叶片颜色变得更深。较耐寒,越冬温度不低于5℃。

—— 叶面深绿色,布满白色疣点

—— 株高3~4厘米,株幅12~15厘米

叶肉质较厚,像舌头

镶嵌纵向黄色条斑

| 温度及生长状况 | 光照及浇水 |
|---|---|
| 10~18℃萌发期 | 不适合露养,不喜肥 |
| 15~28℃生长旺盛期 | 生长期浇水稍勤,环境要通风,喜欢湿度大的环境,可以经常向周围环境中喷水保证空气的湿度 |
| <10℃或>33℃休眠期 | 超过30℃减缓频率控制浇水,浇水要选择凉爽的清晨,阴雨天禁止浇水,浇则浇透 |

## 新手养护问题

**光照**: 若常处于弱光环境,叶片会变黄,斑锦不明显。强光时稍遮阴,否则会影响斑锦的清晰度。

**盆土**: 可用腐叶土和粗沙的混合土。每2~3年春季换盆1次,生长期每月施肥1次。

**播种**: 春季播种,19~24℃发芽,播后10~12天发芽。苗期盆土保持稍干燥,半年后移盆。

**叶插**: 生长期将舌状叶切下,晾干后插入沙床,2~3周生根。

**分株**: 春季换盆时进行,将每株旁生的侧枝切下进行分株繁殖。

子宝锦的
相似品种

## 美玲子宝

多年生肉质草本，叶片肥厚，质硬，自然向上生长。株高 10~15 厘米，株幅 15~20 厘米。叶面有白色纵向条纹，纹路比较规则，呈长线形。总状花序，花小，管状，橙红色。

叶片舌状

肥厚坚硬

呈两列叠生

## 子宝

外形看起来很像元宝，别名元宝花，在花卉市场上非常常见，是比较容易出现斑锦变异的品种。叶肉质较厚，像舌头，叶面光滑，带有白色斑点。叶面暴晒后叶面呈红色。花茎由叶舌根部伸出，花较小，大多为红绿色。

叶面墨绿色，光滑

叶缘角质化

### 子宝锦养护须知

不能暴晒，暴晒会灼伤，晒出黑斑及叶片薄、不鲜绿等不良生长状况。

# 卧牛龙

百合科沙鱼掌属

生长缓慢，栽培简单，长年形态变化都不大，好似活的古玩品，深受肉友喜爱。外形看起来像牛舌，叶片上有许多白色凸状物。喜欢光照，盛夏耐高温，叶面可多喷水，保证充足光照可使叶片肥厚，强光时稍遮阴，否则叶片在强光下会变淡红色。

—— 墨绿色，粗糙，被白色小疣

—— 叶片舌状，肥厚坚硬，两列叠生

先端急尖，叶缘角质化

| 温度及生长状况 | 光照及浇水 |
| --- | --- |
| 10~18℃萌发期 | 不适合露养，放置在室内种植 |
| 15~28℃生长旺盛期 | 放置在室内种植，喜欢湿度大的环境，经常向周围环境中喷水保证空气的湿度。生长期浇水稍勤，通风 |
| <10℃或>33℃休眠期 | 放置在室内种植，及时遮阴防晒，光强过高时可以用2针遮阳网，早晚要及时通风 |

## 新手养护问题

**浇水**：浇水要适度，干透浇透，不干不浇。

**根系**：生长缓慢，每年早春换1次盆。根系较粗，种植时要选择深盆。

**盆土**：成年卧牛2~3年换盆1次，盆栽土用腐叶土、蛭石和粗沙的混合土，加少量稻壳炭。

**光照**：多晒太阳使叶片饱满肥厚。如果在半阴环境栽培，每天最好保证1~2小时的光照。

**繁殖**：有一定的难度，主要以分株为主，通常用基部萌生的侧芽扦插。

卧牛的
相似品种

## 日本大卧牛

为卧牛的栽培品种，叶面橄榄红色，布满白色疣点，先端急尖，中间槽沟深而明显。无茎或短茎。花红色筒状，顶端绿色。花期春末至夏季。

## 卧牛锦

为卧牛的斑锦品种，叶片舌状，先端急尖，肥厚坚硬，散生着白色小疣点，呈两列叠生，叶面深绿色，镶嵌有纵向黄色条纹，长宽均 3~5 厘米，厚 1 厘米。

株高 4~5 厘米，
株幅 12~20 厘米

叶片舌状

肥厚坚硬

呈两列叠生

株高 3~4 厘米，株幅 8~12 厘米

叶面散生着白色小疣点

### 卧牛养护须知

不能暴晒，暴晒会灼伤，晒出黑斑及叶片薄、不鲜绿等不良生长状况。

# 芦荟属

叶卵圆披针形，肥厚

浅蓝绿色

叶缘四周长有白色
的肉齿

# 不夜城

百合科芦荟属

习性强健，植株单生或丛生，肉质幼苗时叶互生排列，成年后则为轮状互生。叶片披针形，肥厚多肉，叶缘有白色锯齿状肉刺，叶面及叶背有散生的淡黄色肉质凸起。喜温暖、干燥和阳光充足的环境。喜光照充足，但夏季光照过强时要注意适当遮阴。不耐寒，耐干旱和半阴，忌强光和水湿。

株高 1~2 米，株幅不限定

顶生莲座状叶丛

| 温度及生长状况 | 光照及浇水 |
|---|---|
| 10~18℃萌发期 | 可摆放在阳光充足的窗台或阳台。要提供一定湿度的环境，充足光照。切忌花盆过大，浇水循序渐进 |
| 18~28℃生长旺盛期 | 需要充足光照，不喜强光和水湿。浇水切忌过勤，见干见湿。天气干燥时可经常向叶面喷水 |
| <10℃或 >33℃休眠期 | 不耐强光照，炎夏必须遮阴完全避光，控水，减少浇水频率，盆土保持干燥。冬季不耐寒，保持阳光充足 |

## 新手养护问题

**腐烂**：防止雨淋，注意水、肥弄脏叶片或流入叶腋中，导致发黄腐烂。

**施肥**：喜水喜肥，生长期可大量给水，但也要干透浇透，可每月施薄肥 1 次。

**盆土**：喜疏松肥沃、排水良好的沙质土壤，可用腐叶土和粗沙的混合土。

**分株**：3~4 月将母株周围的幼株分开栽植，如幼株带根少或无根，先插于沙床，生根后再盆栽。

**扦插**：5~6 月剪顶端短茎 10~15 厘米，待剪口晾干后再插入沙床，浇水不宜多，插后约 2 周生根。

不夜城的相似品种

## 瑞鹤

植株多为单生，很少出侧芽，株型较大。肉质叶狭长三角形，呈螺旋状放射生长。叶片肥厚坚硬，表面绿色或灰绿色，无疣点或有少量的疣点，光滑有光泽，叶片两侧及背部有透明的硬棱。

叶片互生
旋列于茎顶呈轮状
叶三角形

## 不夜城锦

为不夜城的斑锦品种，株高 1~2 米，株幅不定，植株群生状。茎直立或匍匐，粗壮，顶生莲座状叶丛。叶肉质，淡蓝绿色卵圆披针形，镶嵌着不规则黄色纵条纹，叶缘及叶背生有肉质齿状物。

叶卵圆披针形
淡蓝绿色，镶嵌着不规则黄色纵条纹
叶缘及叶背生有肉质齿状物

### 不夜城养护须知

要注意防止水、肥弄脏叶片或流入叶腋中，导致发黄腐烂。早春换盆刚栽时少浇水，天气干燥时可向叶面喷水。夏季温度过高时会进入休眠期，应控制浇水。冬季减少浇水，盆土保持干燥。

# 棒叶花属

## 五十铃玉

番杏科棒叶花属

植株非常肉质,密生成丛。叶灰绿色,下部稍带红色,棍棒状,顶端变粗扁平,完全透明。性喜阳光充足,每天三四个小时直射光就足够,其他时间明亮的散射光线照射,可以让五十铃玉叶子紧凑、叶色鲜丽诱人。

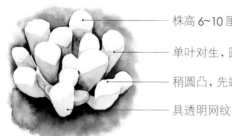

— 株高 6~10 厘米

— 单叶对生,圆柱形

— 稍圆凸,先端圆钝

— 具透明网纹

| 温度及生长状况 | 光照及浇水 |
|---|---|
| 10~18℃萌发期 | 可露养,每日保证 10 小时的光照时间。摆放在有纱帘的窗台,避开强光直射,但不能过于遮阴。每 2~3 天向植株周围喷雾 1 次 |
| 18~28℃生长旺盛期 | 可露养,避免淋雨。每月施低氮素肥 1 次。每次干透浇透。土壤干75%即可浇水;空气干燥时可向植株周围洒水,但叶面叶丛中心不宜积水 |
| <10℃或 >33℃休眠期 | 可露养,炎夏中午遮半阴。宁干勿湿。夏季高温时休眠,盆土应保持干燥,放凉爽通风处。不耐寒,冬季温度不低于 7℃,保持干燥 |

## 新手养护问题

**烂心**:夏季保持良好通风,避免植株在高温、高湿环境下烂心。

**土壤**:应采用疏松透气,且保水性能好的土壤,选择便宜的介质就可以。

**施肥**:结合浸盆进行,在水中掺入液肥,或者融化 10 粒左右颗粒状复合肥。

**分株**:大株的可以分株繁殖,用消毒的利器分割,伤口晾干以免感染、烂根。

**播种**:一般 4 月份左右播种,播种后将苗盆放在见到散射光的地方,有利于出苗。

**166**

# 鹿角海棠

## 番杏科鹿角海棠属

番杏科鹿角海棠属

叶子与鹿角神似，花很像海棠花，因此得名鹿角海棠。叶片肉质，呈现棱形状，一般秋、冬季开花。它还有净化空气、吸收辐射的作用，因此很多肉友都会将其养在办公室或电脑旁。不过，建议大家选择摆放位置的时候，一定要首选通风的地方。

叶子像鹿角

茎易木质，成老桩

| 温度及生长状况 | 光照及浇水 |
|---|---|
| 10~18℃萌发期 | 摆放在有纱窗的窗台或阳台，避强光但不要过于遮阴。盆土可不浇水，可在植株周围喷水。一般春季都会蜕皮，蜕皮期间禁止浇水。最忌温度骤升骤降 |
| 18~28℃生长旺盛期 | 盆土忌过湿，保持稍湿润，夏季怕高温多湿，要通风良好。可以添加缓释肥，定时喷药能防止染菌。秋季开花，控制浇水，严禁浇在花上 |
| <10℃或>33℃休眠期 | 需放置在充足光照下养护，光强时要适度遮阴。夏季高温半休眠，干透可以浇水。入秋后适当增加浇水的次数，保持盆土稍湿润。冬季浇水可同生长期一样，频率稍减，要见干见湿 |

## 新手养护问题

**干皱**：发根前叶片会枯萎萎缩，脱水严重，不用担心，皱巴巴的才好生根。

**土壤**：可以用肥沃、疏松的沙壤土。或是煤渣混合泥炭土，土表铺上颗粒状的河沙。

**扦插**：春、秋季进行，选优质的茎节，剪成8~10厘米，插在土中，约15~20天生根。

**修剪**：每年春季换盆，并整株修剪。修剪后晾2~3天，直至伤口愈合。

**浇水**：春季生长期以保持盆土不干燥为准，多在地面喷水，保持一定的空气湿度。

# 肉锥花属

## 帝王玉

番杏科肉锥花属

多年生小型多肉植物，茎很短。变态叶肉质肥厚。
3~4 年生的帝王玉秋季从对生叶的中间缝隙中开出黄、
白、粉等色花朵，多在下午开放，傍晚闭合，次日午后又
开，单朵花可开 3~7 天。开花时花朵几乎将整个植株都
盖住。花谢后结出果实，可收获非常细小的种子。

株高 1~1.5 厘米，
株幅 1.5~2 厘米

淡绿至灰绿色

叶面顶部两裂楔形

裂口两边透明

| 温度及生长状况 | 光照及浇水 |
|---|---|
| 10~18℃萌发期 | 刚买回的植株摆放在有纱窗的窗台或阳台，避强光但不要过于遮阴。盆土可不浇水，可在植株周围喷水 |
| 18~28℃生长旺盛期 | 盆土忌过湿，保持稍湿润，夏季怕高温多湿，要通风良好。可以添加缓释肥，定时喷药能防止染菌 |
| <10℃或 >33℃休眠期 | 需放置在充足光照下养护，光强时要适度遮阴。夏季高温半休眠，干透可以浇水。入秋后适当增加浇水 |

## 新手养护问题

**施肥**：生长期每月施肥 1 次，用稀释的饼肥水或多肉专用有机肥。

**换盆**：2 年换 1次，宜浅不宜深。表层铺上一层蛭石或珍珠岩，增加土壤排水性。

**播种**：4~5 月或9~10 月室内盆播，发芽适温为18~24℃，播后 10天左右发芽。

**浇水**：浇水时间一般在晚上或清晨温度较低的时候，不要在白天温度较高的时候浇水。

**分株**：3 年以上的植株采用分株法，春季将母株基部的子株掰下，分盆栽种。

帝王玉的
相似品种

## 群碧玉

与帝王玉还是比较好区别
的。帝王玉的球体更加圆润，
群碧玉更扁，色彩更加鲜亮，
蜕皮的时候有黑色斑点会随之
褪去。二者群生的方式也不
一样。

## 白魔

番杏科藻铃玉属多肉，原产南非，生长缓慢，
易分头。叶片肥厚，两片叶子大小不一，叶片上
有少数不规则条棱。表皮白绿色，密被短纤毛，
花叶为白色。耐旱，如果经常缺水，叶片会变小，
但不会起皱，给水后几天就可以膨大。春季会
缓慢蜕皮，蜕皮期较长，期间禁止浇水。

株高 1~1.5 厘米，
株幅 1.5~2 厘米

叶肉质，顶端平坦

形态多样，花色丰富

顶面有裂缝

花从裂缝中长出

### 帝王玉养护须知

度夏要控水，但不要彻底断水，
天气凉爽时补透水一次，防止根因彻
底干旱造成死亡。摆放在有纱帘的窗
台或阳台，避开强光但也不要过于遮
阴。蜕皮时严禁浇水。

# 清姬

番杏科肉锥花属

中小型品种，常年浅绿色，易群生，老株常密集成丛。拥有很精美的纹路，光照充足的时候纹路会变红色至紫红色。花只在晴朗的白天开放，在中缝开出。喜欢光照充足的环境，但是光照稍强时，就要马上适当遮阴。冬季要避免温度太低被冻伤，早春时也要防止突然降温。

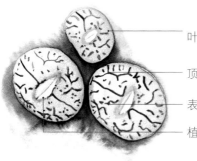

叶浅绿

顶端网路绿色

表面纹路清晰

植株椭圆形，肉质

株高 1.5~2 厘米，株幅 2~3 厘米

花淡米白色，苞丝状

| 温度及生长状况 | 光照及浇水 |
|---|---|
| 10~18℃萌发期 | 刚买回的植株摆放在有纱窗的窗台或阳台，避强光但不要过于遮阴。盆土可不浇水，可在植株周围喷水 |
| 18~28℃生长旺盛期 | 盆土忌过湿，保持稍湿润，夏季怕高温多湿，要通风良好。可以添加缓释肥，定时喷药能防止染菌 |
| <10℃或>33℃休眠期 | 需放置在充足光照下养护，光强时要适度遮阴。夏季高温半休眠，干透可以浇水。入秋后适当增加浇水 |

## 新手养护问题

**腐烂**：夏季高温炎热，遮阴，放在明亮通风的散射光处，少给水，水多了会腐烂。

**休眠**：夏季轻微休眠，其他季节生长。

**土壤**：煤渣、泥炭土、赤玉土和兰石混合，以透水透气为主，土表铺设颗粒状的河沙。

**蜕皮**：养分提供给新植株，才算彻底蜕皮成功。脱皮期多晒，少水。

**繁殖**：可以播种或者是分头，也可以分株繁殖。

清姬的
相似品种

## 安珍

植株易群生，肉质叶顶部扁平，稍凹陷，有深色的点状或褐色疣点。花朵夜晚开放，奶油黄色、白色或淡粉色。

有树枝状下凹
的红褐色斑纹

株高2厘米，株
幅1~2厘米

叶卵状，对生，淡青
灰色，顶面紫褐色

## 灯泡

肉质叶半球形，一般常见单生，偶尔也有双头、3头，甚至4头。表皮为半透明的绿色，在阳光充足的环境中，表皮呈鲜红色，看上去就像一个红艳艳的大李子，非常惹人喜欢。花大型，淡紫色，春、秋季开放，只在白天开花。

叶卵状，对生

株高2~2.5厘米，株幅2~4厘米

肉质，棕色或灰色

### 清姬养护须知

青姬不耐晒，夏季要遮阳，春天3月是脱皮期，可以暴晒，脱皮完需要补水。

171

# 生石花属
## 生石花

番杏科生石花属

小型品种，不是很好养，但因为外形奇特、色彩斑斓，经常受到新手青睐。茎很短，常常看不见。会根据周围环境而改变颜色，变得像石头一样，让食草动物无法发现它们。原产非洲干旱沙漠地，生命力顽强，非常耐旱。

— 带有很多似砾石的纹路

— 肉质肥厚

— 两片对生，合二为一

顶部平头

联结成倒圆锥体

| 温度及生长状况 | 光照及浇水 |
|---|---|
| 10~18℃萌发期 | 可露养，每日保证10小时的光照时间。大部分属于冬型种，每年春季会蜕皮一次，蜕皮时禁止浇水 |
| 18~28℃生长旺盛期 | 要有充足光照，良好的通风。见干见湿。定时在空气中喷洒杀菌虫药防治染菌。生长期可以添加缓释肥追肥 |
| <10℃或>33℃休眠期 | 冬型种，夏季深度休眠，严禁浇水。光照过强时要适当遮阴，大环境下闷养度夏更容易 |

## 新手养护问题

**蜕皮**：每年春季蜕皮，出现干瘪现象非常正常，直到皮完全蜕去才能浇水。

**配土**：疏松透气，富含有机质。既有通透性又能保持一定湿度，并加入适量除虫药。

**用盆**：根系较浅，不要让盆土过于干燥，尽量选择深度在10厘米左右的盆。

**施肥**：需肥很少，可少用些缓释肥。肥力过大会造成"虚胖"，夏天不好度过。

**繁殖**：播种是生石花的主要繁殖手段，除此之外，砍根分株也是不错的办法。

生石花的相似品种

## 福寿玉

叶片淡青灰色，顶面紫褐色，酷似彩色卵石。与生石花还是比较好区分的。只要二者放在一起就一目了然了，福寿玉中间的横纹很深，而生石花只是浅浅的一条。

## 露美玉

又名富贵玉，植株近似陀螺状，群生。顶面镶嵌深褐色凹纹。侧面灰色中带黄褐色，有紫褐色的弯曲的树枝状条纹。顶面红褐色中带点紫褐色。

有树枝状下凹的红褐色斑纹

株高2厘米，株幅1~2厘米

叶卵状，对生，淡青灰色，顶面紫褐色

肉质，棕色或灰色

株高2~2.5厘米，株幅2~4厘米

叶卵状，对生

### 生石花养护须知

秋季气温凉爽，昼夜温差较大，是生石花主要生长期，要有充足的光照。

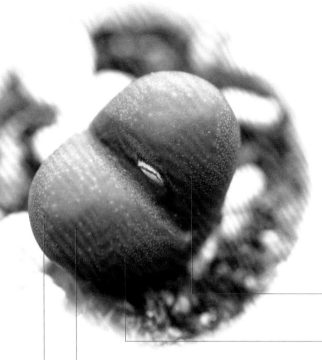

# 红大内玉

番杏科生石花属

新叶露出旧叶时,绿中泛水红色,并有金属般光泽,非常动人。在充足光照下,逐渐转红,老叶脱落后株体红得发紫,晶莹剔透,酷似红玉,故得名。喜光,生长期光照强的时候整个植物深红发紫,光照不足红色会慢慢退去,一旦强光照迅速恢复红色。盆土干燥时,比较耐低温,可以承受 -4℃。

————— 植株圆柱状,中裂明显

————— 叶片心形至截形,沟深

叶表肾形,光滑,不透明

灰中带粉色,没有花纹

| 温度及生长状况 | 光照及浇水 |
|---|---|
| 10~18℃萌发期 | 可露养,每日保证 10 小时的光照。忌温度突升突降,浇水循序渐进。每年春季会蜕皮,蜕皮时禁止浇水 |
| 18~28℃生长旺盛期 | 可露养,要有充足光照,良好的通风。可添加缓释肥追肥。少水,叶片起褶皱就可沿着花盆边缘给水 |
| <10℃或 >33℃休眠期 | 光照过强时要适当遮阴。夏季深度休眠,严禁浇水,给一点点水,维系根部的生长。整个冬季几乎不给水 |

## 新手养护问题

**脱皮:**水大就易脱皮。蜕皮期严禁浇水,否则蜕皮期会延长,还会导致新株瘦弱,甚至死亡。

**配土:**珍珠岩混合泥炭土,加蛭石和煤渣,以透气为主。表面铺干净的河沙。

**防虫:**在水中掺入少量多菌灵喷洒即可预防病虫害。

**休眠:**夏季休眠,阳光强时弱小的植株一定要遮阴通风,7~9 月休眠期阴凉通风养护。

**繁殖:**播种繁殖。出苗后一个月生长缓慢。

红宝石的
相似品种

## 小红衣

为景天科拟石莲花属多肉，叶片扁平细长，有明显的半透明边缘，叶尖两侧有突出的薄翼。强光下，半透明边会出现漂亮的红色。小红衣生长速度不太快，容易群生，繁殖方法有播种、分株和砍头。

## 丽虹玉

为中小型种，多在阳光充足的秋季开花，花黄色，灿烂大型。每个个体的红纹和窗面都不一样，甚至成株在每年蜕皮后新叶上的纹路也会有轻微的变化。健康体色为棕黄色。

叶片对生

顶部有红褐色的不规则斑纹

植株群生

棕黄色，深褐色纹路

### 红大内玉养护须知

春天生长强劲，需水量相应较大。夏天节制浇水，气温较高、相对湿度较大的雨季，基本要停止浇水。秋、冬季浇水要根据室温和采光状况而定。

# 菊科千里光属
## 绿之铃

菊科千里光属

　　外形可爱，由一串串饱满翠绿的椭圆形小叶组成，形似珍珠，又名珍珠吊兰。珍珠吊兰在空气湿度较大、温暖、强散射光的环境下生长最佳。充足光照下叶色会从翠绿变为灰红色。性喜富含有机质的、疏松肥沃的土壤。不耐寒，耐半阴和干旱，忌水湿和高温。冬季搬放室内窗台处养护。

有微尖的刺状凸起

有一条透明纵纹

茎极细，匍匐生长，叶肉质，圆如珍珠

| 温度及生长状况 | 光照及浇水 |
|---|---|
| 10~18℃萌发期 | 可露养，每日保证 10 小时的光照时间；避免淋雨。耐旱力强，刚栽后不能浇水 |
| 18~28℃生长旺盛期 | 可露养，宁干勿湿，生长期保持盆土稍湿润，切勿积水；生长期可每月施薄肥 1 次，应防止水肥淋到叶片表面 |
| <10℃或 >30℃休眠期 | 炎夏中午遮半阴。高温时进入半休眠状态，应严格控水，保持通风良好。冬季温度不低于 8℃可越冬 |

## 新手养护问题

**烂根**：高温时生长缓慢，30℃以上的高温环境中休眠，应少浇水施肥，否则易烂根。

**施肥**：每月施肥 1 次，生长旺盛的春秋季应"薄肥勤施"。

**盆土**：属浅根性植物，盆栽土用腐叶土或泥炭土、肥沃园土和粗沙的等量混合土。

**扦插**：春秋进行，将充实健壮的茎段剪下，平铺在沙床上，稍浇水保持湿润，从茎节处生根。

**繁殖**：枝蔓极易生气生根，春秋可剪下几节，一半埋入沙子或疏松的土中，保持湿润很快就能生根。

绿之铃的
相似品种

## 大弦月城

跟绿之铃很像。但是绿之铃叶片有一条透明纵线，淡绿色，圆润如珠。而大弦月城叶片表面有多条透明纵线，头尖，卵圆形，淡灰绿色。

## 锦上珠

与绿之铃的区别是锦上珠的叶片呈水滴型，叶片中间没有那条透明的纵线，有条纹。茎部直立或葡匐生长，茎叶表面覆有白粉。

株高 8~10 厘米，
株幅 15~30 厘米

茎蔓状葡萄，下垂

叶片卵圆形，叶表有
多条透明纵线

叶片呈水滴型

有条纹

## 绿之铃养护须知

盆面和下垂的茎叶生长繁茂，应注意修剪调整，保持优美株态。刚栽后不宜多浇水。叶肉质多汁故耐旱。

# 蓝松

菊科千里光属

生长非常迅速，容易爆盆。有着特别的天蓝色叶片，喜充足光照，冬季放于阳光充足场所，强光照射变成绚丽的紫色，叶片生长充实、粗壮，若缺少光照就会变为绿色。叶表具多条线沟，根系粗壮发达，可选择较深较大的花盆栽培。

茎直立或半直立

株高 30 厘米，株幅 30 厘米

浅蓝灰色，表面具多条线沟

叶半圆棒状形，顶端尖

| 温度及生长状况 | 光照及浇水 |
|---|---|
| 10~18℃萌发期 | 可露养，每日保证 10 小时的光照时间。刚栽植浇水要少，盆土稍干燥。待萌发新枝后，盆土保持湿润 |
| 18~28℃生长旺盛期 | 可露养，可大量给水。浇水尽量不要浇到叶片上，切勿积水。每月施肥 1 次，应防止水肥淋到叶片表面 |
| <10℃或 >33℃休眠期 | 炎夏中午遮半阴。高温时进入半休眠状态，应严格控水保持通风良好。冬季温度不低于 8℃可越冬 |

## 新手养护问题

**烂根**: 盛夏高温，植株休眠，控制浇水保持稍干燥，适当遮阴，若盆土过湿，易烂根。

**土壤**: 养料不需要很充足，透气性要好。可以自己加点颗粒缓释肥。

**盆土**: 每年春季换盆，用腐叶土、园土和粗沙的混合土，加入少量骨粉。

**施肥**: 春秋季生长旺盛期，每月施肥 1 次，施肥量不宜过多，以免引起茎叶徒长。

**繁殖**: 以枝插或"砍头"为主，剪下植株晾一个星期，插入微湿的土中，适当遮阴，半个月就能发根。

# 厚敦菊属
## 紫弦月

菊科厚敦菊属

多肉植物的垂吊品种之一。夏型种，生长迅速，非常容易爆盆，茎上易生气生根。茎平卧地面或垂吊，一般为绿色，盆栽宜放在通风、有阳光的窗台上养护，忌强光暴晒。叶片非常奇特，光照充分、土壤干燥和温差大时，从绿色变为紫红色，非常漂亮。

—— 叶片呈纺锤形

—— 叶轮生，肉质

—— 光照充足时扁球形

叶腋间有细微的茸毛

茎细长，常呈下垂状

| 温度及生长状况 | 光照及浇水 |
|---|---|
| 10~18℃萌发期 | 可露养，每日保证10小时的光照时间。避免淋雨；耐旱力强，初期生根需水量不多，根系健壮后疯狂生长 |
| 18~28℃生长旺盛期 | 可露养，生长速度快。生长期可每月施薄肥1次，应防止水肥淋到叶片表面 |
| <10℃或>33℃休眠期 | 炎夏中午遮半荫。高温时进入半休眠状态，应严格控水，保持通风良好。冬季停止浇水，宁干勿湿 |

## 新手养护问题

**浇水**：怕水湿，生长初期需水量不多，控制浇水，注意通风疏水否则易腐烂。

**修剪**：换盆时要修剪枝叶，去掉烂根等。

**土壤**：基质宜选用排水、透气性好的颗粒土。

**施肥**：生长迅速，一般每月1次。

**繁殖**：可以通过枝插或是叶插的方式繁殖，枝插是最好的选择。

# 摩罗科吊灯花属

## 爱之蔓

摩罗科吊灯花属

可以悬垂，作为垂盆植物养殖。叶片呈心形，经常被当作爱情的象征。成熟植株叶基部会长出一颗颗圆形块茎，就像一串串念珠，用来贮存养分、水分及繁殖。叶背为紫红色，手感很厚实，有蜡质感。喜温暖、干燥和阳光充足的环境。冬季温度不低于10℃。

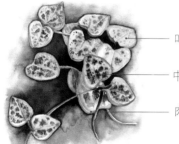

—— 叶片心形

—— 中绿色，背面紫色。

—— 肉质，长1.5厘米

| 温度及生长状况 | 光照及浇水 |
|---|---|
| 10~18℃萌发期 | 不要放在有强光或过于遮阴的场所。抗旱和储水性很强。浇水要谨慎，防止雨淋 |
| 18~28℃生长旺盛期 | 保证充足光照，浇水见干见湿。生长期需充足水分，盆土保持湿润，天气干燥时可向叶面喷水 |
| >33℃休眠期 | 炎夏中午遮半阴。夏季高温植株半休眠，减少浇水；冬季须摆放温暖、阳光处越冬，减少浇水 |

株高10厘米，株幅不限定

具灰绿色或紫色斑纹

## 新手养护问题

**换盆**：生长期需充足阳光和水分，每年春季换盆，整理修剪地上部茎叶。

**配土**：选排水良好的栽培介质，可用肥沃园土、粗沙和少量腐叶土的混合基质。

**施肥**：爱之蔓不需太多肥料，薄肥勤施，换盆时看花盆大小适当添加一些底肥。

**播种**：早春室内盆播，发芽适温19~24℃，播后2~3周发芽。

**扦插**：初夏剪取每段带有3~4个节的茎蔓，摘除末端叶片插进沙床，1个月发芽。

# 仙人掌科裸萼球属

## 绯牡丹

仙人掌科裸萼球属

色彩艳红，颇为醒目，夏季开花，粉红娇嫩，形似牡丹，是仙人球类植物的主栽品种之一。冬季需充足阳光，球体要接受整天强光照射才比较容易开花。如光线不足，球体变得暗淡失色。不是非常耐暴晒，光线过强时适当遮阴。盆土干燥的情况下比较耐低温。

茎具 8 棱

通体鲜红色，棱有横脊

刺座着生 3~5 枚淡粉色周围刺

株高 3~6 厘米，株幅 3~6 厘米

花顶生，漏斗状，淡红色

| 温度及生长状况 | 光照及浇水 |
| --- | --- |
| 10~18℃萌发期 | 露养，耐半阴和干旱，怕水湿和强光。刚买回的盆栽植株，须摆放在阳光充足的窗台或阳台 |
| 18~25℃生长旺盛期 | 春夏季每周浇水 1 次，盆土保持一定湿度，秋季每 2~3 周浇水 1 次，每 4~5 周施低氮素肥 1 次 |
| >33℃休眠期 | 炎夏中午遮半阴。不耐寒，冬季温度不低于 10℃，冬季停止浇水 |

## 新手养护问题

**施肥**：生长期每月施肥 1 次，或用"卉 友"15-15-30 盆花专用肥。

**土壤**：腐叶土、培养基和粗沙的混合土比例随意，以透气为主。

**换盆**：每年 5 月换盆，一般栽培 3~5 年，球体色淡老化，需重新嫁接子球更新。

**嫁接**：用刀片把健壮子球底部削平，同时将母本顶部削平，紧贴绑紧，10 天后松绑。

**繁殖**：以播种为主，也可以用成熟球体群生子球或嫁接。

# 新天地

仙人掌科裸萼球属

新天地是裸萼球属中株形最大的,在我国有很长的栽培历史,栽培后的品种观赏度更高,开出的花瓣非常优美。花期初夏,茎绿色或者淡蓝色,表皮深绿色。刺座很大,刺色有两种,白红色或者白紫黑色。习性强健,易栽培。

棱 10~30 个

具有突起的球型小瘤块

刺座着白红色至白紫色色刺

株高 10 厘米,直径约 30 厘米

单生,球形,顶部扁平

| 温度及生长状况 | 光照及浇水 |
|---|---|
| 10~18℃萌发期 | 露养,耐半阴和干旱,怕水湿和强光。刚买回的盆栽植株,须摆放在阳光充足的窗台或阳台 |
| 18~25℃生长旺盛期 | 露养,水肥要充足。春夏季每周浇水 1 次,盆土保持一定湿度,秋季每 2~3 周浇水 1 次,每 4~5 周施低氮素肥 1 次 |
| >33℃休眠期 | 露养,炎夏中午遮半阴。不耐寒,冬季温度不低于10℃,冬季停止浇水 |

## 新手养护问题

**土壤**:以疏松透气为主,可选择将腐叶土、培养基和粗沙混合,比例随意。

**换盆**:每年 5 月换盆,花盆的大小要跟球体大小相合适,以免不利于疏水。

**施肥**:生长期每月施肥 1 次,过量施肥易烧根。

**嫁接**:植株球体栽培 3~5 年后容易老化,切取茎顶萌发子球,重新嫁接更新。

**繁殖**:实生苗生长很快,一般不必嫁接繁殖。

新天地的
相似品种

## 星兜

新天地的刺座很大，有10~30个棱，表面还有突起的球型小瘤块。星兜则不然，它的球体较圆，植株呈扁圆球形，整齐的八棱，有茸茸球状的刺座。

具8个宽厚的低棱

均匀分布有白色绒点

沿棱脊着生白色刺座

## 弯凤玉

比新天地沟痕深。棱上的刺座无刺，但有褐色棉毛。球体灰白色密被白色星状毛或小鳞片。花朵着生在球体顶部的刺座上，漏斗形，黄色或有红心。

球体直径10~20厘米

有3~9条明显的棱

球体密被白色星毛

### 新天地养护须知

夏季喜大水大肥，土壤干透浇透。可把水淋球体上，清洗球体上的灰尘。

# 乳突球属
## 白鸟

仙人掌科乳突球属

是乳突球属中著名的小型种，栽培较困难，但是因其刺短而软，洁白可爱，成为很多多肉爱好者热衷的对象。生长期很短，阳光要充足，夏季保持通风。最好不断嫁接子球。冬季可以全光照，在暖和的情况下可以少量给水。

—— 球状，初单生后群生

—— 刺座较密集

—— 周刺白色细小，包住球体

通体被软白刺包被，球质很软

疣突圆柱形，疣腋无毛

| 温度及生长状况 | 光照及浇水 |
| --- | --- |
| 10~18℃萌发期 | 保证充足光照。耐半阴和干旱，怕水湿。刚买回的盆栽植株须摆放在阳光充足的窗台或阳台，遇强光拉上纱帘 |
| 18~28℃生长旺盛期 | 露养。每2周浇水1次，盆土保持一定湿度。浇水不宜对毛刺喷淋，影响毛刺色彩。春末至夏季每月施肥1次 |
| <10℃或>33℃休眠期 | 全光照露养。夏季高温闷热天气要适当遮阴，但遮阴时间不宜过长。不耐严寒，冬季控制浇水，温度不低于7℃ |

## 新手养护问题

**腐烂**：连根栽培一定要节水，夏季高温多湿往往引起腐烂。

**度夏**：放在无阳光直射又光线明亮的地方，保持通风的环境，避免闷热。

**配土**：珍珠岩混合泥炭土，加蛭石和煤渣，比例随意，以透气为主。

**繁殖**：以播种为主。

**嫁接**：生长较快，母本维持时间不长，要不断地嫁接子球更新母本。

# 金手指

仙人掌科乳突球属

茎肉质，形似人的手指。全株布满黄色的软刺，外形美观迷人，是家居的理想装饰品。原产墨西哥中部，喜阳光充足的环境，喜温暖，喜光，喜热，秋至春季应将植株置于阳光充足处。植株单生至群生。花期春末夏初，开橙色和白色花，常年都会零星开花。

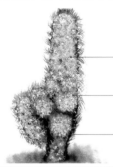

—— 刺座着生周围刺 15~20 枚

—— 易从基部滋生子球

—— 单体株径 1.5~2 厘米，体色明绿色

株高 10~15 厘米，株幅 20~30 厘米

茎圆筒形，肉质柔软，中绿色

| 温度及生长状况 | 光照及浇水 |
|---|---|
| 10~18℃萌发期 | 露养。保证充足光照。刚买回的盆栽植株须摆放在阳光充足的窗台或阳台，遇强光时拉上纱帘 |
| 18~28℃生长旺盛期 | 露养。春末至夏季每月施肥 1 次。每 2 周浇水 1 次，干透浇透。浇水不宜对毛刺喷淋，影响毛刺色彩 |
| <10℃或 >33℃休眠期 | 露养。夏季高温闷热天气要适当遮阴，但遮阴时间不宜过长。不耐严寒，冬季控制浇水，温度不低于 7℃ |

## 新手养护问题

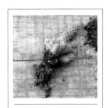

**腐烂**：生长过程中以土壤稍干燥为好，过湿或排水不畅都会导致根部腐烂。

**病害**：在通风不良时，易发生红蜘蛛、蚧壳虫，注意环境通风。

**翻盆**：喜肥沃、排水良好的沙质土壤。每 1~2 年应翻盆 1 次。

**施肥**：生长期每月追 1 次肥，腐熟饼肥、颗粒复合肥均可。冬季休眠期停止施肥。

**繁殖**：多采用扦插、分株繁殖。

# 仙人掌属

## 黄毛掌

仙人掌科仙人掌属

形似兔耳，全株密被茸毛，夏季开花，绚丽多彩，是很好的室内观赏植物，能净化室内空气。性强健，并且抗辐射。植株灌木状直立多分枝，红紫色浆果呈长圆形，花着生在茎节边缘的刺座上。生长期需充足阳光，较耐寒，冬季维持5~8℃的温度即可。

—— 茎肉质扁平长圆形

—— 刺座白色，着生细小、黄色钩毛

—— 株高 40~60 厘米，株幅 40~60 厘米

茎节淡绿色至中绿色，长 6~15 厘米

| 温度及生长状况 | 光照及浇水 |
| --- | --- |
| 10~18℃萌发期 | 露养，每日保证 10 小时的光照时间。刚买回的盆栽植株摆放在阳光充足的窗台或阳台，不要摆放在通风差或光线不足的场所 |
| 18~28℃生长旺盛期 | 露养，早春至中秋每月浇水 1 次，盆土保持稍湿润。浇水时不要将茎片淋湿，防止大雨冲淋。其余时间保持干燥。生长期每月施肥 1 次 |
| >33℃休眠期 | 炎夏遮半阴。冬季温度不应低于 5℃，不需浇水 |

## 新手养护问题

**上盆**：宜选用透气性较好的泥盆，盆底填上 1/3 的碎瓦片与"炭花"，以利排水。

**土壤**：对土壤要求不严，在有肥力、排水通畅的沙质土壤中生长较好。

**修剪**：平时要把干枯或老弱的根系剪掉，以降低营养耗费，促其长出新根。

**播种**：在春季20 ~ 25℃的温度下进行，播后 10 天左右发芽，幼苗生长很慢。

**扦插**：用生长充实的茎节扦插，剪切后的创面立即涂硫黄粉以防感染、腐烂。

# 蟹爪兰属

## 蟹爪兰

仙人掌科蟹爪兰属

是附生肉质植物。在冬季节日期间开花，特别受中国人的喜爱。叶子有很明显的锯齿，花朵娇柔婀娜，光艳亮丽而广受追捧，花期少搬动，以免断茎落花。原产巴西。不耐寒，怕烈日暴晒和雨淋。喜温暖、湿润和半阴环境。

—— 嫩绿色，新出茎节带红色

—— 主茎圆，易木质化

—— 分枝多，呈节状

刺座上有刺毛

叶状茎边缘具粗锯齿

| 温度及生长状况 | 光照及浇水 |
|---|---|
| 10~18℃萌发期 | 露养，需强光，每日保证 10 小时的光照时间。刚买回的盆栽植株，须摆放在阳光充足的窗台或阳台，不要摆放在通风差或光线不足的场所 |
| 18~28℃生长旺盛期 | 浇水时大小水交替，当土表干燥浇小水，再次干燥浇大水，要有水从盆底流出；空气干燥时，3~4 天向叶状茎喷雾 1 次 |
| <10℃或 >33℃休眠期 | 炎夏中午遮半阴。冬季不需浇水，保持干燥。放在温暖、阳光充足和通风处越冬 |

## 新手养护问题

**土壤**：以珍珠岩：蛭石：泥炭为1：1：1比例配制的土壤。

**萎蔫**：花后茎片发软萎蔫属于正常现象，因为开花消耗了储备在茎片中的养料。

**开花**：可每天进行 8 小时的短光照遮光处理，可提前 1 个月开花。

**嫁接**：选健壮、肥厚变态茎2节，下端削成鸭嘴状，用嵌接法，每株砧木可接 3 个。

**扦插**：剪取肥厚变态茎 1~2 节，待剪口稍干燥后插入沙床，插后20~25 天生根。

# 向高手进阶吧！

## PART 3

本书看到这里，相信你也已经掌握了多肉"养活"的基本功，但是我们不仅要养活，还要养好，更要自己养出"贵货"。从普货到贵货，技术的重要性就在此凸显出来了。养多肉不仅要有一颗爱美之心，还要有双灵巧的双手，更重要的是要有一本专业的技术指导书。养多肉多年的华叔，将自己多年积累的养护经验倾囊相授，教你怎样科学地培养出属于自己的老桩，组出最令人艳羡的盆栽组合。

享受养多肉最具成就感的阶段，向高手进阶吧！

# 播种

栽培多肉很重要的一大乐趣，就是繁殖出珍稀品种与其他肉友们分享。但是大部分多肉类植物都能用简便方法进行繁殖，包括扦插、分株、利用侧芽（子球）、嫁接、异花授粉及播种。最终，你会发现，繁殖多肉其实很容易。

多肉的种子一般都细小如尘，不仔细看根本看不到任何东西。就是这样一颗颗细小得让人都不敢呼吸，生怕被吹走的种子，能够长成非常鲜艳美丽的多肉，这就是生命的魅力。

寿的种荚

## 反季节播种有讲究

一般来说，除了景天科多肉四季都可以播种外，其他的多肉都应在反季节播种，也就是在其接近休眠期播种。比如十二卷属的寿、玉露，春天天气回暖之后就要开花，这时就可以授粉，使其结种子。入夏前多肉即将休眠时，打下的种子就可以播种了，这就是反季节播种。但是，反季节播种不是绝对的，如果温度能保证在18~28℃，任何品种的多肉都可以播种。

百合科十二卷属的寿类在春天授粉结种，在夏季高温时生长缓慢，可将种子打下后放置晾晒一段时间即可进行播种。

## 播种繁殖是研发新品种的途径

播种收获的小苗，因是有性繁殖不是无性繁殖，所以不会与它的父母一模一样，甚至有一些小苗长大后会与它的父母大相径庭。当然，在这些小苗中会出现品相不好的淘汰种，有的会继承父母的优点，有的会孕育出令人惊讶、品相极佳的另类品种。可是这种情况很难在短期内满足广大肉友，因为真正的研育专业或玩家，用好品种艰难打下的种子，是不舍得出售的；而能出售的种子，也很难保证品种品相。

但是反过来说，只享受播种的过程，无欲无求，看着小苗一天天长大，逐渐现出自己的本相，就是一个让人惊喜的过程，这本身就是一种快乐。

景天科种子经过短暂后熟期才播种。

仙人掌的种荚里有数量巨大的微小种子。

## 华叔经验谈

种子按科属的不同播种的方法也不同。仙人掌科刚收获的种子不能马上播种，因种子打下来后还要经过一段时期的后熟期，使其完全成熟及硬化，后熟期需要15~20天；而番杏科、景天科的种子后熟期需要的时间短些，10天左右即可（接近夏季收获的种子也可存放到秋季播种，但要防止染菌）；百合科十二卷属的种子不必考虑后熟期，收获的种子可及时播种，但用土不可过厚，而且种子需要覆盖避光。

## 播种程序看这里

播种前最好挑选当年新收获的那些比较饱满的种子。

1 将种子和蛭石以1:30~50的比例混合。

2 准备培养基。选择直径约1毫米细颗粒土、蛭石、沙子、煤灰、纯草炭土都可以，将选好的土放入专用的苗盆即可。

3 将苗盆放入装水的敞口盆内浸盆，待水升至盆土表面后快速提起。

4 将种子与细颗粒（如蛭石）拌匀撒向培养基。

5 撒种之后，应在表层再均匀地撒一层蛭石，又叫覆盖。仙人掌科、番杏科、景天科等多肉播种不必覆盖。

6 用塑料膜覆盖，这样既可以遮光，又可以保湿，有利于种子发芽。

### 华叔经验谈

1.种多肉用土最好是买单一土，或自己配土。因为花卉市场上的配土，很多都是收集来的"二次土"，甚至"多次土"，土内微量元素等营养物质少，还可能含虫、菌。

2.出苗期浇水要"见干见湿"，但小苗根系柔弱，不能等培养基全部干透再浇水，否则盆土太干，小苗根系容易干枯而导致死亡。可以采用浸盆法保持土壤湿润。

1 将种子和蛭石混合。

2 选择细颗粒土后放入苗盆。

3 将苗盆放入装水的盆内浸盆。

4 将种子和细颗粒拌匀后，洒在盆土表层。

5 撒一层蛭石覆盖种子。

6 最后覆盖上塑料膜。

191

## 播种用土

　　严禁用高锰酸钾或用微波炉高温杀菌。将多菌灵按包装袋上说明的配比方法与水混合拌匀，装入喷壶，然后浇透播种培养基即可。也可用多菌灵溶液溶液浸泡一下，然后用箩或细纱布将种子滤出，晾干后再播种，也可起到防止染菌的作用。

　　播种土不要填满育苗盆，占苗盆内径高度的一半即可，这样可以增加空气湿度，要保持土壤潮湿度。育苗盆接受散射光，不能强光。

## 播种出苗的时间

　　播种小苗出真叶的时间一般 30 天至 1 年，根据科属品种的不同而各异。小苗生出真叶 30 天左右，就应该考虑移盆了。

## 苗期勤分苗，促小苗生长

　　分苗是促进多肉快速生长的最有效的方法之一。为多肉分苗，拉开小苗间距，使每棵小苗都能有充足的水分、养分，从而避免了因互相争夺养分而造成小苗生长缓慢或部分弱苗死亡的情况。当小苗长出

多肉小苗长出后，要循序渐进行阳光照射，可避免徒长。

2~3 片小叶时就可以进行第 1 次分苗了，第 1 次分苗不需要修根，将分出的小苗种在其他的苗盆中拉开栽培距离即可。

　　小苗继续生长，当苗盆又出现拥挤状况时，就要进行第 2 次分苗了。分苗时，根部的燥根、多余的须根、代谢下来的空根和朽根需要修剪掉，再晾 1~2 天，待伤口愈合后入苗盆。

　　第 3 次分苗时，对于主根强健的大苗就可以分单盆了，剩下的弱小的苗继续拉开间距栽入苗盆，分盆前要修去空根、腐根、燥根及多余的须根，然后晾至伤口愈合，盆土应进行杀菌处理。

　　多肉小苗长出后，要循序渐进地进行阳光照射，可避免徒长。

小苗长出后，要循序渐进地进行阳光照射。

间苗晚不利于小苗生长。

## 华叔经验谈

1. 未出真叶前，应尽早分苗。分苗越晚，缓苗期越长；分苗越早，对苗根损伤越小。早分苗的多肉要比晚分苗的生长速度快 1~3 倍。

2. 间苗不是指小苗独占一个花盆，而是在苗盆中增大小苗之间的生长空间。间苗是疏苗的一种重要的常见方法，分单盆的苗严禁小苗用大盆。

## 出苗容易带苗难

有些肉友播种的出苗率虽然不低，但是小苗长出真叶却不容易，损兵折将特别多。其实，这跟种子质量好坏有很大关系，肉友们不必过于自责。只要把能继续生长的小苗好好呵护就可以了。

## 小苗怎么光照

3次分苗期间，小苗的养护方法基本一致。小苗经不起强光直射，突然暴晒是万万要不得的。但是光照太弱也不能满足小苗的生长需求，所以每天早上和傍晚可打开遮阳网一段时间，稍微晒一下，特别是早上要晒一晒。而且随着小苗的长大，要逐渐增加光照。光少，小苗很容易徒长。但切忌强光直射。

## 小苗怎么浇水

小苗浇水也遵循"见干见湿"的原则。小苗嫩弱，浇水时不能大水砸苗。可用浸盆法，待水升至盆土表面，迅速提起；也可对小苗盆土喷雾直至盆底滴水。而且随着小苗的长大，也不能再水大闷养了。施肥方面，小苗较弱，不能施大肥，可10~15天加一次专用营养液。

## 小苗怎么度夏

最适合多肉生长的温度是18~28℃，只要在这个温度范围内，小苗都能正常生长。一旦温度超过30℃，小苗也会逐渐休眠，这时候浇水不要太勤了，适当控水。浇则浇透，或浸盆或细水浇透。阳光过强时，一定要遮阴，放在散射光下。夏天天气闷湿，小苗容易生菌，要保持适当通风环境。可每隔半个月用多菌灵喷雾喷一下，防止染菌。

充足的散射光有利于小苗的生长，夏天忌强光直射，以防灼伤植株。

## 华叔经验谈

1. 同科属而不同品种的多肉不要混在一起播种，因为它们的习性与出苗时间不完全一样，新出的小苗要慢慢增加光照，而未出苗之前应遮光。
2. 第3次分苗，可将大些的强壮小苗种入单盆，然后每年脱一次盆，换一次土，按照多肉成株的养护方法去养护。

# 叶插

想要繁殖多肉的时候，要先把植株养成原态的绿色，才能保证迅速生长，从而保证高成活率。

叶插是指将多肉叶片取下，单独生根、长苗，是多肉最常见的繁殖方式。除了少数品种的多肉，如仙人掌科仙女杯属，绝大部分多肉只要满足适当的条件，都可以叶插成功，是很多多肉植物进行大量繁殖的最佳方式。

## 选择叶片有讲究

植株上有那么多的叶片，选择什么样的来叶插是有讲究的。植株中部的叶片最适合叶插。一般来说越靠近植株上部，叶片的生命力越强。基部的叶片已经老化，几乎失去了生命力，但靠顶部的叶片刚刚萌发不久，还没有长成至健壮的完整叶片，储存的养分还比较少，所以也不可取。

对于不同品种的多肉，叶插难度也不同。一般说来，叶片容易碰落或者容易被摘下来的品种，比如黄丽、姬胧月，叶插更容易成功。而那些叶片不易摘下的，叶

叶插苗应放置在隐蔽处，保持较高的空气湿度。

插难度相对较大。

## 这样做，叶插成功率高

叶插出苗期间，多肉需要遮光(简单的方法，可以将报纸盖在上面)，避风，盆土干后可浸盆或对土壤喷雾。需要注意的是，厚肉质叶、带毛刺的叶片叶插时需要的水分较少。比如熊童子，叶插时盆土不能过湿，空气湿度也不要太大，否则叶片极容易腐烂，影响生根出苗。

## 创造较大的空气湿度

叶插成功的重要因素，就是创造一个空气湿度较大的环境。叶插用土可随意选择，放入花盆内的培养基约占盆内高度的1/2，目的是让花盆内部预留较大的空间，保证空气湿度在盆内旋转、流通，也可起到一定的避光作用。如果空气湿度足够大，甚至不用任何土壤也行。将叶片放在木板或报纸上，叶片也能生根发芽，只要生根后及时入土栽培，照样可以长出新的植株。叶插苗应放置在半阴处，保持较高的空气湿度。

选择健壮叶片。

长大的叶插苗。

### 华叔经验谈

1. 如果是从长得很苗壮的植物上摘叶子，不要在浇水后马上摘取，要等其稍稍干燥，这样叶子会比较容易摘下来。

2. 长成的叶插苗，如果母叶没有萎蔫，可小心将母叶取下，还可以再次繁殖出小苗。

## 叶插程序看这里

　　叶插最好的时间是在多肉的生长期，而景天科在全年都可以。叶插时温度最好保持在 15~28℃，而且如果温度满足 20~28℃，母叶生根出苗最快。

1 选择叶插用土，将纯蛭石植料，放入盆内约占标准花盆的 1/5~1/2 体积。

2 将花盆放入水中浸盆，待水吸至盆土表面，迅速提起花盆。浸盆后将盆土稍晾一下，不要太过潮湿。

3 选择合适的叶片，晾 1~2 天后，放置在潮湿的盆土表面即可，注意不要将叶片插入土中。

4 在花盆上方覆遮阳网、纸、透明塑料膜或玻璃来保湿。1~2 周后，叶插出现小苗即可将其从培养基取出。

1 将纯蛭石放入花盆内

2 将花盆放在水中浸盆

3 摘取植株中部的叶子。

4 为花盆遮阴

## 华叔经验谈

母叶生出根系之后，要尽快覆土定盆。要把根全部埋入土中，不要遗漏。否则暴露在空气中的根系容易萎缩、干枯。

1. 培养基晃动至倾斜，叶插苗放置培养基上。

2. 捏住花盆边缘，在地上墩盆，使土壤更紧实平整。

# "砍头"

"砍头"是繁殖多肉植物的方法之一，顾名思义也就是将多肉植物的顶端切掉，促使侧芽生长。"砍头"是多肉植物能够快速从单头生长成多头的有效方式，大部分多肉植物都可以用"砍头"的方法来进行无性繁殖。

## "砍头"，下刀位置很重要

一般来说，"砍头"要选择有徒长迹象的植株，这样方便"砍头"的时候下刀，选择恰当的"砍头"位置。

植株有三个不同的"砍头"点。第一个点较为靠上，砍下的"头"只留有少量叶片，不容易成活，而下部的植株生长点未完全断开，可能只会长出一个新头。

第二个点是最为安全的"砍头"点，这样的"砍头"方法使砍下的头部保留了较多叶片，储存了足够养分，伤口晾干愈合后入土栽培更容易成活；而且"砍头"后下部植株也保留了较多叶片，生长点完

"砍头"后的多肉会再长出多个分枝。

全切断后，充足的营养可以输送至切口，更容易生出多个新头。

最下面的"砍头点"接近茎底，这种方法虽然也可行，但不推荐，因为对于基部来说留有的叶片太少，失去了过多的生命力，恢复起来时间上相对更长一些，可行但不可取。

## "砍头"后的养护措施

经过剪切的多肉，一定要经过晾干，伤口愈合，才能进行下一步繁殖操作。对于砍下的头来说，不要急着入土上盆，应在遮阴通风处晾2~3天，待伤口完全愈合后再入盆。

入盆后适当遮阴，禁止施肥，盆土需干湿交替快，不干不浇水，盆土干透后可浸盆，当水升至盆土表面立即迅速提起。也可以将砍下的"头"直接固定在水面上方，但不接触水，这样较大的空气湿度可以促使砍下的头快速生根，但是这样生出的根系不强健，入土后还需经过慢慢"硬化"的过程，最好谨慎使用这种方法。

伤口愈合后再入盆。

"头"入土后再次生长。

### 华叔经验谈

1. "砍头"最好选择正常生长状态下的健康多肉。所谓正常生长状态，就是入盆养殖了一段时间，呈现出叶片饱满圆润，根系发达等特点。缓苗期、休眠期，或者因其他原因无法正常生长的多肉最好不要进行"砍头"。

2. "砍头"的刀具要平薄锋利，事先进行酒精消毒。避免用剪刀，因为剪刀会造成截点挤压，损伤植物组织及细胞，"砍头"的切点要平滑，这样有利于植物快速恢复伤口。

196

# 分株

　　分株其实就是分侧芽，也就是将多肉母株旁长出的幼株从母体剥离，分别栽种成为新的植株。尤其是一些容易群生的景天科多肉，爆盆之后，要么换大盆，要么就得分株。分株的适宜温度为15~28℃。

## 这么来分株

1 选择爆盆的等待分株的多肉，先进行脱盆。

2 用手轻轻拆开小株。

3 去掉老叶和使苗不正的底部叶片。

4 去掉含根瘤的根。

5 修去老根、腐根。晾1~2天。

6 加土，选择蛭石加珍珠岩或鹿沼土加草炭土等培养基；然后将培养基置入花盆内。

7 盆口留出1~2厘米的空间，将小苗播入培养基中。

8 蹾盆使土壤更加紧实。

## 华叔经验谈：

1.侧芽入盆后不能暴晒，需遮阴避光，盆土干时可浇透水或浸盆。2~3周缓苗期过后，可以正常养护。

2.分株时带有部分根系，可使小苗生命力更强，生长得更快。分株的小苗入盆后，也要度过缓苗期才能正常养护。

1 将爆盆的植株脱盆。

2 拆小株。

3 去掉老叶。

4 去掉根瘤。

5 去老根、腐根。

6 将蛭石和珍珠岩混合入盆

7 将小苗播入培养基

8 蹾盆。

# 枝插

枝插就是将侧枝剪下，插入土中重新长成新植株的繁殖方法。多肉植物不论叶插还是枝插，都有一个要点，就是要选择健康的植株。

## 如何进行枝插

1 选择 1~2 年生、长势较好的枝条，过老或者是当年生的枝条都不适合枝插。用薄且锋利的刀具将枝条斜切下来，使切口约呈 45°角，切下的枝条最好带 3~5 个叶片。

2 将枝条的头部剪掉，叫作打尖，以便枝条内的养分能更多地保存下来供给生根之用。将枝条在阴凉的自然通风处晾 1~2 天，十二卷属及肉质较厚的多肉应晾更长时间，直到伤口愈合。

3 准备枝插用土。土可选择蛭石、沙子等，颗粒尽量小一些。景天科多肉最好选择草炭土与珍珠岩的混合培养基。将枝条倾斜插入疏松的培养基中即可。

4 枝条长出新芽。

5 枝条长出新头。

6 新头长大，可以按照成株的养护方法养护。

1 将枝条斜剪下来

2 将枝条在通风处晾 1~2 天

3 将枝条插入疏松的培养基中

4 枝条长出新芽。

5 枝条长出新头。

6 可以按照成株的养护方法养护了。

## 华叔经验谈

1. 枝插的多肉也必须遮阴、避风，保证较高空气湿度。盆土干透后才能浇水，浇水也要一次浇透。3~5 周缓苗期过后，可以逐渐接触光照，按照正常养护方法来养护即可。

2. 截取选好的枝条后，可把下部多余的叶片掰下来，用作叶插材料。将枝条头部切掉，这样可以有效减少养料的消耗，更利于枝条生根。

# 根插

　　根插法是指以根段作为插根的扦插方法,这种多肉繁殖方法源于日本。一年以上至两年的健壮根系可扦插,过老、深黄色、年纹老的根系出苗率很低,不建议根插。

## 如何根插

1 将多肉从花盆中移出。

2 用镊子去掉根上带的培养基。雪白、粗壮的新生肉质根不选择。

3 受损的根不能选择。

4 选择两年生的粗壮肉质根。去除多余细毛根。

5 将根插入疏松的土壤,插入时要小心谨慎,不要损伤根部,土上部分要露出 1~1.5 厘米。根插后可在盆上覆盖黑色塑料膜遮光、保湿,一段时间之后,就会从顶部生出若干小芽。

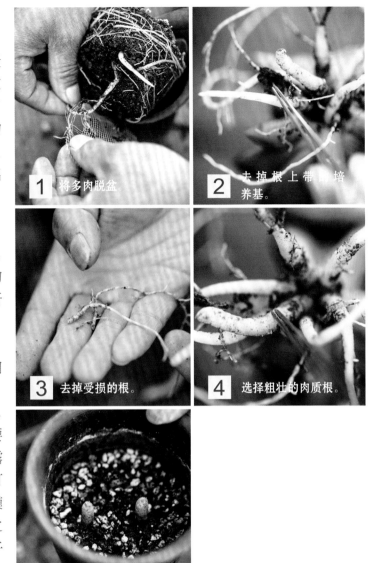

1 将多肉脱盆。

2 去掉根上带的培养基。

3 去掉受损的根。

4 选择粗壮的肉质根。

5 将根插入疏松的土壤。

## 华叔经验谈

1. 根插期间,多肉需要遮光、避风,温度最好保持在 15~28℃。盆土干透后即可浇水,水要一次性浇透。另外,还要保证较大的空气湿度,以便快速出芽。

2. 多肉的根系比较多,什么样的根适合根插有讲究。根插必须选择生长 1 年以上的雪白、粗壮的肉质主根,黑黄色的老根及当年生的新根不宜根插。此外,选择的主根必须完整无菌。

# 组培

## 什么是组培？

组织培养简称组培，是一种新的繁殖方法。又叫离体培养，指从植物体分离出符合需要的组织，在无菌的条件下将活器官、组织或细胞置于培养基内，并放在适宜的环境中，进行连续培养而成的细胞、组织或个体。这种方法目前已经被应用于多肉的繁殖中了。

## 组培的缺陷

组织培养出的多肉细胞不稳定，生长活跃，而且生长时细胞分裂速度不均匀，多肉常常会疯长无法控制，品相也根本无法保持。不仅如此，组织培养出的多肉无法很好的"硬化"，不能很好地适应自然环境，抗旱、耐寒性差，且对许多药剂都没有抗性。例如，正常实生的多肉喷洒杀菌药剂后，可正常生长，但组织培养的多肉却会出现叶表黄斑、根部腐烂等现象。

组织培养可以快速繁殖多肉，但是也具有致命的缺陷，肉友们购买多肉时一定要谨慎选择。

## 华叔经验谈：

组培的多肉生长非常迅速。

组培是在无菌的环境下进行的，虽然可以使一些名贵品种价格变得很便宜，但是在"硬化"（适应自然环境）的过程中容易出现生长不平衡、不稳定，抵御自然环境的变化及抗病菌能力差，造成慢慢萎缩，甚至死掉，有的即便能生长至母本，也会扭曲变形，很难保持漂亮的品相。

# 水培

## 水培

　　水培是指采用现代生物工程技术，运用物理、化学、生物工程手段，对普通的植物进行驯化。水培的多肉看起来非常干净，漂亮，所以深受许多肉友喜爱。虽然所有的多肉都能水培，但是只能作为短期的玩赏，或者作为礼物、装饰品送给朋友，不能长久，所以不宜多年养殖。水培是一种违背多肉天性的养殖方法，不值得推荐。

## 水培的缺陷

　　水培的多肉抵抗力差，不易适应新的自然环境，短期内可以生长得很漂亮，但无法长久保持良好品相。如果想要养出健壮的母本株，用于繁殖后代时不建议对多肉进行水培。

## 华叔经验谈：

水培多肉容易徒长，甚至叶片发黄、萎蔫。

1.水培多肉就如同水插鲜花一样，起初会颜色亮绿，但是时间长了容易徒长，甚至萎蔫。

多肉水培不要超过3个月。

2.水培一般不要超过3个月，否则后期很容易因为营养不足而生长缓慢，品相变差，甚至不会开花，所以水培后期最好转为土培。

**201**

# 养出老桩

所谓多肉植物老桩，是指那些生长多年、有明显主干或分枝的多肉植物老株。景天科多肉生长迅速，养成老桩也就相对比较容易一些，所以一般来说，老桩大部分都是景天科已生长多年的多肉。

老桩并不是完全靠自然养成的，需要造型者具备一定的基本盆景知识和审美水准，根据已有的多肉素材，充分发挥想象力来构思，有目标地修枝去叶，将艺术美与自然美巧妙地融合起来。

## 养出老桩需要时间

老桩的养成并不是一个任其自然生长的过程，需要常年的人为修剪，逐渐地造型，是一个比较漫长的过程。在这个过程中，随着多肉每一阶段的生长，都要根据需要修去多余枝条、叶片，留有造型枝叶，不断地朝着自己的预期对其进行修剪造型。整个过程大概需要 2~3 年，甚至更长时间，修剪次数可达 10~20 次。所以，必须有一定的计划性，并且持之以恒。

## 养出老桩的捷径不是徒长

老桩比较漂亮，价格也相对较贵。所以很多多肉玩家为了走捷径，就将多肉避光，放任其徒长，然后掰掉下部的叶片，多肉就成了"老桩"。养出老桩也是有捷径的，我们可以将多肉地栽，任其疯长，但徒长养老桩并不可取。

地栽要选择阳光充足、土壤肥沃且排水良好的地方。这样多肉的根系就有无限的生长空间，可以汲取到充分的营养，多肉的生长就不再受到花盆的限制了。另外，平时还要勤修根、勤修剪下部的枯叶，水肥也要给充足。这能使多肉汲取水养的能力更强，还能避免水养浪费，使多肉生长得更加迅速。

充足散射光有利于小苗生长，夏天浇水不宜过勤。

多年生的墨西哥雪球老桩，是时间雕琢出的美丽尤物。

## 老桩造型

一般来说，老桩素材大多都处于乱枝条的自然疯长状态，挑选要造型的老桩素材并不是随意的，这就要求玩家有一定的盆景造型基本知识和审美水准。最好挑选那些易于造型的老桩。

## 先勾勒出想要的造型

自然生长的多肉枝条，往往杂乱无章，必须进行一次初步重修剪。根据已有的多肉素材的特点，决定表现什么样的题材和如何造型，也就是"因材处理"。

将多肉枝条的骨架按盆景艺术的规律来精心策划，先在脑海中勾勒出预期的老桩造型，就是说，你构思出来的造型要有题材，要有"故事"。例如：有的是刚劲挺拔，有的是古色沧桑，有的是婀娜多姿，有的是顽强求生，有的是象形……进行造型之前，有了这个"蓝图"，才能有目标地修枝去叶，使之逐渐塑造成匀称协调、线条优美的盆景作品。

造型前，应先根据已有素材勾勒出预期的形状。

## 花盆选对，才有意境

造型优美的老桩，只有配上大小适中、深浅适当、色彩协调、质地相宜的花盆，才能成为完美的盆景艺术品。

在选择花盆时，首先要注意大小适中。花盆过大，则使盆内显得空洞，老桩植株显得矮小，同时盆大培养基多，就会引起多肉徒长，影响造型，甚至还会造成烂根；用盆过小，又会使盆景显得头重脚轻，缺乏稳重感，且易造成水分、养分不足，影响老桩的生长。一般来说，矮壮型老桩、单株种植时所用的盆口直径须小于老桩头部直径，盆长必须大于老桩主干的高度。

此外，用浅盆时，花盆直径宁大勿小；用深盆时，则宁小勿大。用盆的深浅对于多肉造型影响很大，对于老桩的生长也有一定的影响。用盆过深，会使盆中老桩植株显得低矮，同时盆土干湿交替变慢，不利于多肉植物的生长；用盆过浅，又会使主干较粗高的老桩有不稳重感，并且难以栽种。一般来说，多肉组合盆栽宜用最浅的盆；直干植株宜用较浅的盆；斜干、卧干、曲干植株宜用深度适中的盆。此外，对于自然型的老桩，特别是盆中放置配件的，用盆更不可深。

依照以下4个老桩素材，来演示一下老桩造型该如何逐步地修枝去叶。

## 示例一：

1 仔细端详现有的老桩素材，根据株形，可初步勾勒造型为"两山相望"式。

2 将伸出盆外的长枝确定为"前探海"，并修去多余分枝。需要截去的枝应保留约2厘米。因为截口干燥后很容易炸皮，影响美观。故锯截时可稍留一小节枝干，愈合后再截除。截口应尽量避开正面，要平整光滑，不致有碍观赏。

3 修去盆内植株底部的燥枝。

4 修去盆内植株的过长枝条。

5 初步造型基本完成。

1 初步勾勒出"两山相望"式造型。

2 将伸出盆外的长枝确定为"前探海"，剪去多余分枝。

3 将底部燥枝修去。

4 修去过长枝条。

5 初步造型完成。

## 示例二：

1 仔细观察素材，由于枝条杂乱，暂时不能定造型。

2 将底部侧芽修剪掉。

3 修去多余侧枝，仅保留一个主干。

4 初步造型基本完成。

5 由于主干太长，不易造型，应将剪刀所处位置以上的头部全部剪掉，待生出侧芽后继续观察，继续构思。

1 枝条杂乱不能定造型。

2 修剪掉底部侧芽。

3 修去侧枝，保留一个主干。

4 初步造型完成。

## 勤修勤剪，日久成型

老桩的造型需要常年的人为修剪，逐渐地造型，是一个非常漫长的过程。在这个过程中，多肉每生长一段时间后，都要有目的地修去多余枝条、叶片，使之不断地朝着自己的预期生长。整个过程大概需要 2~3 年，甚至更长时间，修剪次数可达 10~20 次。所以，必须勤修勤剪，不能偷懒放任。

5 可将头部全部剪掉，长出侧芽后再决定造型。

一养多肉就上手

## 示例三：

**1** 仔细端详现有的老桩素材，根据株形，可初步勾勒造型为"直体"式。

**2** 将底部的叶片和主干上基部的侧枝全部修去，仅保留一个主干。

**3** 为使老桩起桩高一些，可将底部侧头也修剪掉。

**4** 初步造型基本完成。

1 修剪掉两侧过长枝条

2 修剪侧枝

3 修剪底部侧头

4 初级造型基本完成

## 示例四：

**1** 仔细观察素材，先将两侧过长的枝条修剪掉。

**2** 给足光照、水、肥，让目标侧枝(剪刀所指处)疯长。

**3** 为保持协调，可将上部大头的下部叶片剥离，使之与目标侧枝头部大小相仿。

**4** 按照自己的规划，这个最终造型将朝这个走势发展，期间要勤观察，不断地掐尖打顶，才能长成自己心目中的造型。

1 修剪掉两侧过长枝条

2 让目标侧枝疯长

3 剥离上部大头的下部叶，使保持协调

4 不断地掐尖打顶

# 组合混搭：展现自然风

## 大苗、小苗、根深、根浅要关注

组盆选择同科植物就可以了，不必同科同属，同科的养护也基本相同。

在进行组盆的时候，多肉植物大小不同，根系深浅也不同。如果要求组盆土壤表面是水平的，那就要在盆底下点功夫了。根系粗长的土层要厚，所以短细的多肉下层则要铺上相应的石粒、颗粒土或沙子来替代土层。这样才能让每个多肉健康成长。

## 多肉组合有依可循

对多肉进行混搭时，组出来要有层次感及立体感，要体现自然之美。基本要求是远小近大，当然要合理，不要过于悬殊，大小植株的安排要远、中、近有一个渐渐地过渡，不要生硬、远高近低、左高右低或右高左低，色彩要和谐。

1.远小近大。远景要选小株多肉，近处则选择稍大的株形。而且组盆要稀疏安排有自然感，不要只是生硬地排列。

2.远高近低。远处的植株要稍高，可以加高远处的盆土；近处的多肉，特别是距离观看者最近的地方，多肉是最矮的，或者土壤层是最低的。

3.颜色和谐。在颜色搭配上，每个人都有不同的想法，以美观和谐为主，明快及线条清晰的可以放在近处，色彩线条模糊的可按序向后放，这样的搭配理念才能发挥出制作者的创造性。

## 组合盆栽日常养护

同科多肉的养护和日常单盆多肉的养护是一样的，浇水见干见湿，长光照，通风，强光遮阴等。

最重要的是组盆的时候。上盆前对每个多肉根系进行整理，然后一定要晾根后再上盆。上盆后要适当遮阴，切忌直射光暴晒，要有缓苗程序，然后再进行正常养护。

通过大株、小株的稀疏有秩的搭配和各种颜色的混搭使这盆多肉极为美观、自然。

图书在版编目 (CIP) 数据

　一养多肉就上手 / 孙卫东编著 . -- 南京：江苏凤凰科学技术出版社 , 2017.3
　（汉竹· 健康爱家系列）
　ISBN 978-7-5537-7370-4

　Ⅰ . ①一 ... Ⅱ . ①孙 ... Ⅲ . ①多浆植物－观赏园艺
Ⅳ . ① S682.33

　中国版本图书馆 CIP 数据核字 (2016) 第 254760 号

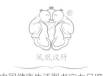

凤凰汉竹

中国健康生活图书实力品牌

一养多肉就上手

| 编　　　著 | 孙卫东 | | |
|---|---|---|---|
| 主　　　编 | 汉　竹 | | |
| 责 任 编 辑 | 刘玉锋　　张晓凤　　赵　妍 | | |
| 特 邀 编 辑 | 段亚珍　　宋书新　　朱振妮 | | |
| 责 任 校 对 | 郝慧华 | | |
| 责 任 监 制 | 曹叶平　　方　晨 | | |

| 出 版 发 行 | 凤凰出版传媒股份有限公司 |
|---|---|
| | 江苏凤凰科学技术出版社 |
| 出版社地址 | 南京市湖南路 1 号 A 楼，邮编：210009 |
| 出版社网址 | http://www.pspress.cn |
| 经　　　销 | 凤凰出版传媒股份有限公司 |
| 印　　　刷 | 南京精艺印刷有限公司 |

| 开　　　本 | 720 mm×1 000 mm　　1/16 |
|---|---|
| 印　　　张 | 13 |
| 字　　　数 | 100 000 |
| 版　　　次 | 2017 年 3 月第 1 版 |
| 印　　　次 | 2017 年 3 月第 1 次印刷 |

| 标 准 书 号 | ISBN 978-7-5537-7370-4 |
|---|---|
| 定　　　价 | 32 元 |

图书如有印装质量问题，可向我社出版科调换。